U0164937

中国科技的梦想与荣光

中国大飞机

——鹰击长空的蓝天骄子

周保银　张　静　著

河北出版传媒集团
河北科学技术出版社

图书在版编目（CIP）数据

中国大飞机：鹰击长空的蓝天骄子 / 周保银， 张静
著. -- 石家庄 : 河北科学技术出版社， 2019.9
（中国科技的梦想与荣光 / 刘树勇主编）
ISBN 978-7-5717-0049-2

Ⅰ.①中… Ⅱ.①周… ②张… Ⅲ.①运输机—介绍
—中国 Ⅳ.①V271.2

中国版本图书馆CIP数据核字(2019)第159751号

中国大飞机——鹰击长空的蓝天骄子

周保银　张　静　著

出版	河北出版传媒集团　河北科学技术出版社
地址	石家庄市友谊北大街 330 号（邮编：050061）
经销	新华书店
印刷	北京兴星伟业印刷有限公司
开本	700 毫米 × 1000 毫米　1/16
印张	12
字数	150 000
版次	2020 年 4 月第 1 版
印次	2020 年 4 月第 1 次印刷
定价	36.00 元

序

  中国科技在古代曾经灿烂辉煌，为人类文明做出过重大贡献。但是自明末之后，中国科技开始渐渐落后于西方。新中国成立之初，中国科技特别是高新技术领域几乎一穷二白，在极其困难的情况下，中国科技工作者发扬自力更生、艰苦奋斗精神，奋起直追。1964年10月16日15时中国第一颗原子弹爆炸成功，1967年6月17日8时中国第一颗氢弹空爆试验成功，1970年4月24日21时中国第一颗人造卫星发射成功……以"两弹一星"为标志，中国开始了自身现代历史上第一次自主科技创新的历程。1978年全国科学大会召开，中国迎来了"科学的春天"，在航空航天、超级计算机、海洋科学、超级工程、医药科技等众多领域取得了举世瞩目的成就。进入21世纪以来，我国科技发展突飞猛进，取得了一批引领世界的科技成果。正如习近平总书记在党的十九大报告中指出："创新驱动发展战略大力实施，创新型国家建设成果丰硕，天宫、蛟龙、天眼、悟空、墨子、大飞机等重大科技成果相继问世。"一系列"叫得响、数得着"的科技成果，惊艳世界。这些科技成果既增强了我国综合国力，又为改善人民生活水平做出了重大贡献。

  河北出版传媒集团领导高度重视宣传我国发展伟大成就，亲自谋划选题，指导河北科学技术出版社组织有关专家、科普作家编写了这套《中国科技的梦想与荣光》科普图书。这套书主要介绍了包括太空探索、北斗导航、中国天眼、量子通信、中国大飞机、深海探测、巨型计算机、中国高铁等近些年对中国乃至世界产生重大影响的科技成果。在这套书中，读者在了解当代最前沿科学技术知识的同时，还会从中看到我国科学技术工作者"坚持、坚忍、坚韧"的可贵品格和"勤奋学习，自主创新"的精神；在生动有趣的科学故事中，读者可以了解到其中蕴含的科学思想、科学精神和科学方法，潜移默化中提高自己的科学素养；读者也会从科技工作者的勤奋、创新、拼搏和献身精神中受到鼓舞，并以更大的决心去迎接未来的挑战，为实现中华民族的伟大复兴而努力奋斗。

2019年是新中国成立70周年，把新中国取得的科技成就宣传好，让更多的人了解中国科技发展历程，了解中国科学家艰苦奋斗、勇于创新的精神，在全社会形成爱科学、学科学、用科学的浓厚氛围，是一件很有意义的事情，我愿意向广大读者推荐这套科普图书。

中国工程院院士

2019/9.

飞机是 20 世纪最伟大的发明之一，成为人们出行不可缺少的交通工具，深刻地改变和影响着人们的生活。这个庞大的"巨鸟"能载人飞行，能战斗抛物，能随心所欲地飞到任何地方，是不是很神奇呢？其实，很久以前，人类就幻想能像雄鹰一样翱翔在彩云之上。

梦想是付诸实践的动力。2000 多年前，中国人发明了风筝，开始了自己的飞天梦。世界各地也流传下来许多关于飞行的美妙神话和动人传说。1903 年 12 月 17 日，美国莱特兄弟制造的"飞行者一号"进行了人类历史上首次有动力、可操控的飞行试验，在空中成功地飞行了 260 米，开启了人类征服天空的历史。

如今，翱翔天际不再是幻想。那么，飞机是如何发明出来的？又是如何在天上飞的呢？为何它能载着这么多人，还不会从天上掉下来呢？对此，读者朋友一定有着强烈的好奇心吧。

本书通过有趣的故事、传奇的人物、典型的机型，向读者介绍了飞行原理和飞机的基本组成，还介绍了航空发展史，特别是新中国成立后，一代又一代航空人艰苦奋斗的历史。2011 年 1 月 11 日，"威龙"飞机成功首飞，中国成为世界上第二个自主研制、生产第五代隐形战斗机的国家。2017 年 5 月 5 日，C919 在上海浦东机场首飞成功，不久的将来，中国自己生产的大型客机将在蓝天上翱翔。

希望本书既能让读者了解飞机的基本知识，又能培养读者对航空知识的兴趣。希望读者朋友都能怀揣一颗感恩的心，铭记为飞行事业做出贡献的设计者、制造者，带着对飞行的渴望，激励发明创造的信心和勇气。

编 者

2019 年 3 月

目 录

一、早期航空梦

在儿童时期，我们喜欢仰望天空。看，蓝蓝的天、白白的云、自由自在飞翔的鸟儿。那时候就在想，要是能有一双翅膀，飞到天空中去看看，飞到月亮上去玩玩，该有多好呀！

古时候的人们，当然也有这种想法。古代人类在艰难的生活和生产中，在观察自然、改造自然的过程中产生飞行的渴望。翱翔的雄鹰、扑翼飞行的小鸟和昆虫，甚至天空飘浮的云，都足以引起人们对飞行的幻想，"嫦娥奔月""女娲补天"……美丽的神话传说也就由此产生。这些神话传说不仅丰富了我们的文化，也蕴含着人类飞天的梦想。

飞天鼻祖——万户 〉〉〉

据记载，万户是元末明初人，浙江婺州（今金华市）陶家书院（今金华中学前身）的山长，即今天的校长，门下弟子三百。他喜欢钻研火炮技术，发明、制造了许多火炮，为朱元璋建立大明王朝贡献了很大的力量，特别是在鄱阳湖一战中大显身手。

万户造出了各种各样的火箭，然后画出

◁‖ 万户飞天石像 ‖▷

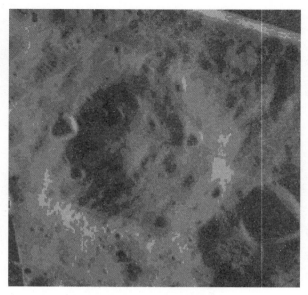

◀‖ 万户环形山 ‖▶

飞鸟的图形，让匠人按图制造出了飞鸟——风筝。他甚至做出了一份很详尽的科学理论计算报告，认为按照当时的火箭技术，再加上风筝的原理，他能够飞到月亮上去。

万户带着人来到一座高山上试飞，他把 47 个自制的火箭绑在椅子上，自己坐在上面，双手举着 2 只大风筝，然后叫人点火发射。万户冲向半空，不久，火光消失，万户翻滚着摔在山脚之下，献出了生命。

万户的努力虽然失败了，但他是第一个提出借助火箭推力升空设想的人，被世界公认为"航天鼻祖"。

20 世纪 70 年代的一次国际天文学联合会上，科学家将月球上的一座环形山命名为"万户环形山"，以纪念这位"第一个试图利用火箭飞行的人"。

神奇的风筝 >>>

风筝最早出现于春秋时期，距今已 2000 多年。据《韩非子》记载：墨子研究了三年，用木头制成了一只木鸟，但只飞了一天就坏了。

《墨子》中记载，鲁班根据墨子的设计，用竹子做风筝。鲁班把竹子劈开削光滑，用火烤弯曲，做成了喜鹊的样子，称为"木鹊"，在空中飞翔达三天之久。

到了东汉时期，蔡伦发明了造纸术。在制作风筝时，逐渐以纸代木。称为"纸鸢"。

古代风筝，有被用于军事侦察、测距、越险、载人的历史记载。

在正史中也有关于风筝的记载。据《南史·候景传》所述，大清三年（549），侯景作乱，叛军将梁武帝围困于梁都建邺（今南京），内外断绝。有人献计制作纸鸦，把皇帝诏令系在其中，施放纸鸦向外求援，不幸被叛军发觉射落。不久城池被攻陷，梁朝从此衰微灭亡。

唐朝建立后，由于采取了缓和阶级矛盾、安定社会秩序、减轻人民负担、发展经济生产等一系列措施，社会很快走向安定和繁荣，成为我国历史上文化经济全面发展的时期。唐代清明时节，朝野盛行禁火、祭扫、踏青、荡秋千、蹴鞠、插柳等风俗。儿童放纸鸢始在民间流行。

从五代开始，在纸鸢上加哨子，其鸣如筝，故称"风筝"。现在我们说的风筝其实是统称，把那些没有哨子的纸鸢，都叫作风筝了。

宋代城市文化经济繁荣，民间手工业兴起，风筝在扎制和装饰上都有了很大的发展，制作风筝也成为一种专门的职业。

明清时期，风筝在大小、样式、扎制技术、装饰和放飞技艺上都有了巨大的进步。文人亲手扎绘风筝，除自己放飞，还赠送亲友，成为一种极为风雅的活动。

随着国际交往的增加，中国的风筝流传到世界各地。先是传到日本和朝鲜等邻近国家，后传到了缅甸、马来西亚、印度尼西亚、新西兰以及更远的地方；同时顺着"丝绸之路"或蒙古人的征战路线进入了阿拉伯和西欧。

1987年4月，潍坊被第五届国际风筝会主席团确定为"世界风筝都"。国际风筝联合会还做出决定，将国际风筝联合会的总部设在潍坊。

潍坊国际风筝节是一年一度的国际风筝盛会，每年4月20日至25

◀‖ 潍坊——世界风筝都 ‖▶

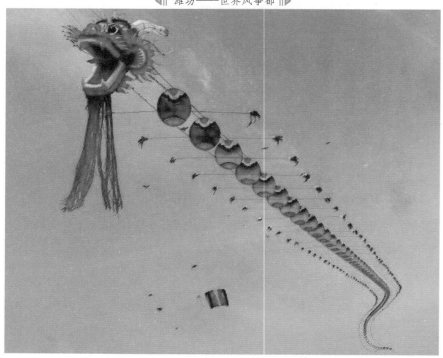

◀‖ 潍坊国际风筝节上放飞的风筝 ‖▶

日在潍坊举行。吸引着大批中外风筝专家、爱好者及游人前来观赏、竞技和游览。

热气球的由来 〉〉

热气球利用加热的空气密度低于气球外的空气密度以产生浮力飞行，主要通过自带的机载加热器来调整气囊中空气的温度，从而达到控制气球升降的目的。

乘热气球飞行已成为人们喜爱的一项体育运动。此外，热气球还常用于摄影和旅游。

孔明灯又叫天灯，是最早的热气球，俗称许愿灯，又称祈天灯，在古代多用于军事用途。

◀‖ 孔明灯 ‖▶

诸葛亮 (181—234)，字孔明，号卧龙，三国时期杰出的政治家、军事家、文学家。相传当年诸葛亮被司马懿困于平阳，无法派兵出城求救。诸葛亮算准风向，令人用竹篾扎成方架，糊上纸，做成灯笼，底盘上放置燃烧着的松脂，灯笼就靠着热气飞上天空，把求救的讯息传送出去。

后世就称这种灯笼为孔明灯。如今孔明灯已成为人们祈祷的一种用具，俗称许愿灯。男女老少亲手写下祝福的心愿，一般在元宵节、中秋节等重大节日施放。孔明灯与热气球的原理是相同的，称得上是现代热气球的雏形。

现代热气球是由法国约瑟夫·孟格菲兄弟于18世纪发明的。而三国时代的诸葛亮能算得上世界上第一个发明热气球的人。

18世纪，法国造纸商孟格菲兄弟受碎纸屑在火炉中不断升起的启发，用纸袋聚热气做实验，使纸袋能够随着气流不断上升。1783年6月4日，孟格菲兄弟在里昂做公开表演。该气球用纸和亚麻布糊成，直径约10米，内部灌入燃烧湿草和羊毛产生的热烟。当气球中充满热烟后，绳索被松开，气球升到空中，飞行了约10分钟后，降落在1600米外的地方。

◀‖诸葛亮‖▶

孟格菲兄弟向公众宣布，要制作一个更大的且能够载人飞行的热气球。国王路易十六知道后，特别邀请孟格菲兄弟到巴黎制作气球，并要他们在凡尔赛宫进行表演。孟格菲兄弟制成了一个高17米、直径12.5米的气球，在巴黎凡尔赛宫前为国王、王后、宫廷大臣及13万巴黎市民进行了热气球装载动物的升空表演。吊舱里装有一只公鸡、一只鸭子和一只绵羊。气球升到高空，飞行了8分钟，结果除了公鸡的翅膀受了一点伤外，绵羊和鸭子都安然无恙。路易十六大喜，赐名热气球为孟格菲气球。

同年，孟格菲兄弟又进行了人类历史上首次载人热气球飞行，而这

热气球

次飞行比莱特兄弟的飞机飞行整整早了 120 年。

　　热气球最初被用于军事中的通信联络和侦察。1870 年的普法战争中，巴黎被围，法国人曾用热气球将人和信件送出包围圈。

　　发展到现在，热气球运动具有了体育比赛、探险、休闲、空中摄影、高空作业、气象探测、旅游观光、空中广告、地质地貌测绘、青少年科普教育等多重功能。

飞艇的发明

　　飞艇是一种轻于空气的航空器，它与气球的最大的区别在于具有推进和控制飞行状态的装置。

　　现代飞艇一般使用安全性更好的氦气，另外飞艇上安装的发动机也为飞艇提供部分升力。发动机提供的动力主要用于飞艇水平移动以及艇载设备的供电，所以飞艇相对于飞机比较节能，而且对环境的破坏也较小。

　　1783 年，法国的孟格菲兄弟和雅克·查尔斯分别完成了热气球和氢气球的载人飞行。但是气球飞行无法控制，只能随风飘飞，为了解决这一问题，人们就想方设法推进和驾驶气球。

1784 年，法国罗伯特兄弟制造了一艘人力飞艇，长 15.6 米，最大直径 9.6 米，充氢气后可产生 1000 多千克的升力。罗伯特兄弟认为，飞艇在空中飞行和鱼在水中游动差不多，因此，把它制成鱼形，艇上装上了桨，这桨是用绳子绷在直径 2 米的框子上制成的。

◀|| 第一次气球载人飞行－孟格菲热气球 ||▶

7 月 6 日进行试飞，当气囊充满氢气后，飞艇冉冉上升，随着高度的增加，大气压逐渐降低，囊内氢气膨胀，气囊越胀越大，眼看就要胀破，这可把罗伯特兄弟吓坏了，他们赶紧用小刀把气囊刺了一个小孔，才使飞艇安全降到了地面。

这次试验启示人们，应当在气囊上留一个放气阀门。兄弟俩对飞艇进行了改装，2 个月后进行了第二次飞行。这次飞行由 7 个人划桨作动力，飞行了 7 个小时，但只飞了几千米。虽然飞行速度很慢，但它毕竟是人类第一艘有动力的飞艇。

飞艇之父 >>>

在飞艇发展史上，德国的菲迪南德·格拉夫·齐柏林是一个重要人物，他是硬式飞艇的发明者，被后人称为"飞艇之父"。

1900 年，齐柏林制造了第一艘硬式飞艇。它的最大特点是有一个硬的骨架，骨架外面蒙上防水布制成的蒙皮。艇体内有 17 个气囊，总容积达到 1.2 万立方米，总浮力达 13 吨。比当时的软式飞艇大五六倍。

多气囊能起到类似隔水舱的作用，大大提高了飞行的安全度。

1908 年，齐柏林又设计制造了当时世界上最大的飞艇——"Lz-4"号。齐柏林对这艘飞艇的性能非常满意，他亲自驾驶这艘飞艇从德国起飞，飞过阿尔卑斯山，到达瑞士后返航。

1910 年 6 月 22 日，建立了第一条定期空中航线，从德国法兰克福飞往杜赛尔多夫。担任首航运输任务的是"Lz-7"号飞艇，它一次可载 24 名旅客，有 12 名乘务员，飞行速度为每小时 69 ~ 77 千米。

齐柏林逝世后，他事业的继承人艾肯纳博士提出了一个大胆的计划，建造一艘环球飞艇，开辟洲际长途客运。艾肯纳设计的环球飞艇确实很大，长达 237 米，最大直径 30.5 米，可充 10.47 万立方米的氢气，飞艇重 118 吨，载重 53 吨，用 5 台柴油发动机提供动力，最大飞行速度为每小时 193 千米，1927 年 7 月建成。为了纪念齐柏林，特地将这艘飞艇命名为"格拉夫·齐柏林"号，由他的女儿主持了建成典礼。

1929 年 8 月 8 日，"格拉夫·齐柏林"号飞艇开始了一次伟大的环球飞行，从美国的新泽西州出发，经过德国、苏联、中国、日本，于 8 月 26 日回到洛杉矶市。整个航程历时 21 天 7 小时 34 分。

环球飞行的成功大大促进了飞艇的发展。据统计，20 世纪 20 年代至 30 年代，美国建造了 86 艘，英国建造了 72 艘，德国建造了 188 艘，法国建造了 100 艘，意大利建造了 38 艘，苏联建造了 24 艘，日本也建造了 12 艘。人们称之为飞艇的"黄金时代"。

1937 年，"兴登堡"号在着陆时因静电火花引起氢气爆炸，35 人遇难。飞艇的发展陷于停滞状态。

近年来，随着技术的进步，飞艇又重新得到人们的重视。尽管同飞机相比，飞艇显得大而笨，操纵不便，速度也较慢，易受风力影响；但飞艇也有其突出的优点，如垂直起降，留空时间长，可长时间悬停或缓慢行进，且消耗燃料少、噪音小、污染小、经济性好。由于使用氦气填

◀|| 现代飞艇 ||▶

充，安全性也大大提高。根据计算，用飞艇运送一吨货物的费用，要比飞机少 68%，比直升机少 94%，比火车少一半。因此，世界各国纷纷重新开始研制飞艇，新型飞艇不断涌现，现代飞艇在空中勘测、摄影、广告、救生以及航空运动中得到了广泛的应用。

滑翔机 >>>

滑翔机是一种没有动力装置、重于空气的固定翼航空器。人类最早的比空气重的航空器是风筝。现代悬挂滑翔机在形式上和原理上与风筝都很近似。

人类很早就憧憬像鸟儿一样在空中飞翔。15世纪的伟大艺术家、发明家达·芬奇曾设计过一种扑翼机，设想人趴在上面，用手脚带动一对翅膀飞起来。

奥托·李林塔尔是德国工程师和滑翔飞行家，世界航空先驱者之一。他最早设计和制造出实用的滑翔机，人称"滑翔机之父"。

李林塔尔从小酷爱飞行，青少年时曾搞过"飞人"实验，成年之后，他以业余时间系统观察飞鸟。1889年，李林塔尔写成了著名的《鸟类飞行——航空的基础》一书，论述了鸟类飞行的特点，此书被后来的飞行探索者奉为经典之作。

从1871年起，李林塔尔就热衷于研究和制造滑翔机，他利用所有余暇时间研究空气动力学、试制飞机和驾机试飞。他于1891年制作了第一架固定翼滑翔机，机翼长7米，用竹和藤做骨架，骨架上缝着布，人的头和肩可从两机翼间钻入，机上装有尾翼，很像展开双翼的蝙蝠。他把自己悬挂在机翼上，从15米高的山岗上跃起，用身体的移动来控制飞行。滑翔机在气流的作用下，轻盈地滑翔，在90米外安全降落。这是世界上第一架悬挂滑翔机。1891—1896年间，李林塔尔共制作了5种单翼滑翔机和2种双翼滑翔机，先后进行了2000多次飞行试验。1896年8月9日，他驾驶滑翔机在里诺韦山遭遇强风而坠落，次日死去。他留给人们的最后一句话是：必须做出牺牲。

李林塔尔虽然死了，但他给后人留下的遗产是巨大的。后来的飞行探索者，包括第一架动力飞机的发明者莱特兄弟，都从李林塔尔的研究成果和勇敢探索精神中吸取了宝贵的营养。

1914年，德国人哈斯研制出第一架现代滑翔机，它不仅能水平滑翔，

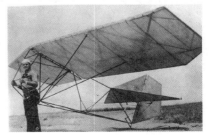

◀‖ 早期滑翔机 ‖▶

◀‖ 现代滑翔机 ‖▶

还能借助上升的气流作爬高飞行，并且其操纵性能更加完善。从此，滑翔机进入了实用阶段。第二次世界大战期间，滑翔机曾用来空降武装人员和运送物资。尽管其载重量比较小（最大的不超过 6 吨），但可以夜间飞越严密设防的战线而不被察觉。今天滑翔机主要用于航空体育运动。

莱特兄弟 ≫

威尔伯·莱特（1867—1912）和奥维尔·莱特（1871—1948）是美国著名的发明家。1903 年 12 月 17 日，莱特兄弟首次试飞了完全受控、

◀‖ 莱特兄弟 ‖▶

依靠自身动力、持续滞空不落地的飞机，也就是世界上第一架飞机——"飞行者 1 号"。莱特兄弟首创了让飞机能受控飞行的飞行控制系统，为飞机的实用化奠定了基础，改变了人类的交通、经济、生产和日常生活，同时也改变了世界军事史。

莱特兄弟出生在美国俄亥俄州，父亲是一个牧羊人，母亲是一位音乐教师。莱特兄弟从小就对机械有着天生的爱好。

1878年圣诞节时，爸爸给他们带回了一个"蝴蝶"玩具，并告诉他们，这个玩具能在空中飞。"鸟才能飞呢！它怎么也会飞？"威尔伯有点怀疑。爸爸当场做了表演，只见他先把上面的橡皮筋扭好，一松手，它就发出呜呜的声音，向空中高高地飞去。他们这才相信，除了鸟、蝴蝶之外，人工制造的东西，也可以飞上天。

1894年，莱特兄弟开始收集各种有关飞行器设计和试飞的信息，从事理论研究并付诸实践。

威尔伯勤勤恳恳，扎扎实实，拥有工程师的细致和严谨；奥维尔则富有艺术家的想象力，敢于不断创新。两人密切配合，相得益彰。他们认为飞机能不能顺利飞行，关键在于如何设计和控制飞机在飞行过程中所受力的平衡。两人仔细研究了前人的试验数据，再通过大量风筝、滑翔机以及风洞试验验证，设计出了最佳的机翼剖面形状和角度，增大机翼面积，以获得最大的升力。同时设计了通过直接控制机翼来操纵飞机飞行姿态的机构。他们认为，建造一架飞行器需要解决三个问题：一是如何制造升力；二是如何获得驱动飞机飞行的动力；三是在飞机升空之后，如何平衡以及操纵飞机。

飞行者1号 >>>

1903年夏季，莱特兄弟着手制造著名的"飞行者1号"双翼机。他们请机械师查尔斯·泰勒帮他们制造了一台大约8.8千瓦、重77.2千克的活塞式发动机。10月中旬，"飞行者1号"组装完毕。奥维尔对新飞行器非常满意："这是我们迄今为止造得最好的一架飞机，她非常听话。"1903年12月17日清晨，美国北卡罗来纳州的基蒂霍克还在沉睡，天气寒冷，刮着大风，沙滩上静静地停放着一个带着巨大双翼的怪家伙，这就是人类历史上第一架飞机——"飞行者1号"。空旷的场地上冷冷清清，到现场观看的只有5个人。10时35分，一切准备就绪。奥维尔

◀‖ 飞行者 1 号 ‖▶

　　爬上"飞行者 1 号"的下机翼，俯卧于操纵杆后面，手中紧紧握着木制操纵杆，威尔伯开动发动机并推动飞机滑行。飞机先是剧烈震动，几秒钟后便在自身动力的推动下从"斩魔丘"上缓缓滑下，达到一定速度后，威尔伯松开手，飞机像小鸟一样飞上了天空。虽然飞得很不平稳，甚至有点跌跌撞撞，但是它在空中飞行了 12 秒 36.5 米，才落在沙滩上。接着，他们又轮换着进行了 3 次飞行。在当天的最后一次飞行中，威尔伯飞了 59 秒 260 米。人们梦寐以求的载人空中持续动力飞行终于成功了！

　　1904 年 5 月 26 日，莱特兄弟制造了装配有新型发动机的"飞行者 2 号"，在代顿附近的霍夫曼草原进行试飞，最长的持续飞行时间超过了 5 分钟，飞行距离达 4.4 千米。1905 年 10 月 5 日，"飞行者 3 号"进行了一次时间最长的试飞，飞了 38.6 千米，留空时间最长达 38 分钟，这说明莱特兄弟的飞机已经较好地解决了平衡和操纵问题。1908 年，莱特兄弟在巴黎、伦敦和华盛顿进行飞行表演，获得广泛赞誉。《伦敦每日镜报》惊呼那架飞机是"迄今制造的最神奇的飞行器"。美国总统塔夫脱称赞："这对杰出的美国兄弟全身心地投入了飞机制造事业。"1909年 3 月，美国陆军部正式向莱特兄弟订货。莱特兄弟在飞机上增加了专为瞭望员和机枪手准备的特别座位，为飞机应用于军事奠定了基础。

近百年来，飞机的发展使我们生存的巨大星球缩小成为一个小小的世界。

中国第一个飞机设计师 >>>

冯如（1884 — 1912），原名冯九如，字鼎三，1884年1月12日出生，广东恩平人，被誉为中国第一个飞机设计师、飞行家，提出了航空战略理论，对中华民族航空事业和人民空军发展带来了深远影响。

冯如出生在一个贫苦农民家庭，早年在私塾中读书，非常勤奋，学习成绩始终名列前茅。他对神话故事尤其是飞天故事满心向往，经常提出一些奇怪的问题。老师说他是"富有幻想的孩子"。

1895年，冯如远渡重洋到美国旧金山谋生。旧金山是美国西部重要的金融中心和贸易

◀‖ 中国第一个飞行设计师：冯如 ‖▶

港口，工业发达，工厂星罗棋布，高耸的烟囱比比皆是。目睹了美国先进的工业，冯如认识到国家富强必有赖于机器，于是发愤学习。6年后，冯如到纽约专攻机器制造专业，为了更多地了解西方科技知识，他经常把节省下来的食宿费用购买报纸书刊。为了交纳学费，还要利用业余时间去打工。尽管如此，冯如的学习成绩仍然在班上名列前茅。学校见冯如学习如此刻苦，而且成绩出众，决定免去他的学费。5年过去了，冯如具备了广博的机械制造知识，通晓36种机器，先后研制了抽水机、

打桩机、发电机、有线电话和无线电报机等先进设备，在当地颇负盛名，被誉为"很有名气的机械师和发明家"。

1905 年，日俄战争爆发，东三省惨遭蹂躏，激发了冯如的爱国热忱。1906 年，冯如重返旧金山，开始招徒制造机器，同时收集有关设计、制造和驾驶飞机的资料。冯如对助手们说："吾闻军用利器莫飞机若，誓必身为之倡，成一绝艺，以归飨祖国。苟无成，毋宁死。"

1908 年 5 月，冯如与黄杞、张南、谭耀能等人集资 1000 余美元，在奥克兰市东九街 359 号创办"广东制造机器厂"，开始研制飞机。1909 年 9 月，距世界第一架飞机问世不到 6 年的时间，他们完成了中国人自己设计、制造的第一架飞机——"冯如 1 号"。1909 年 9 月 21 日，"冯如 1 号"首次试飞。冯如驾机迎着强风起飞，环绕一个小山丘飞行了约 800 米，显示了飞机良好的性能。美国《三藩市考察者报》在头版显著位置刊登冯如的大幅照片，赞誉冯如为"东方的莱特"，并惊呼："在航空领域，中国人把白人抛在后面了！"

1909 年 10 月 28 日，冯如联合黄梓材、刘一枝、朱竹泉等人，把广东制造机器厂扩充为广东制造机器公司，公开招募优先股东，3 个月时间，招得优先股东 67 人，股金 5875 元。广东制造机器公司成立后，冯如任总机器师，开始研制大功率飞机。新飞机制成后，虽经多次改进，但在试飞中仍一再失败。1910 年 5 月，厂房突然失火焚毁。经过 6 次试飞失败和厂房失火，公司已耗去 90%的资金，冯如面临极大困难。他在认真总结历次失败经验教训的基础上，终于在 1911 年 1 月研制成功一架新型飞机，称为"冯如 2 号"。

1911 年 1 月 18 日早上，冯如驾驶着"冯如 2 号"，在三藩市海湾的艾劳赫斯特广场公开试飞。飞机在地面滑行了约 30 米，凌空而起，爬升至 12 米高，环绕广场飞行了 1600 米后，向三藩市海湾飞去，然后返回，飞越奥克兰郊区的田野，降落在起飞的广场上。整个飞行历时 4 分钟，取得完全成功。随后冯如驾驶飞机在海湾多次环绕飞行，最高时速达到 104 千米 / 小时，飞行高度 200 余米，性能达到当时世界先进水平。

1911 年 2 月 22 日，冯如率领朱竹泉、司徒璧如、朱兆槐等技术人员，连同两架飞机和制造飞机的器材设备乘船离开旧金山回国。3 月 22 日抵达香港。清政府两广总督张鸣岐特派宝璧号军舰到香港迎接，将飞机和机器安置在广州郊区燕塘。1911 年 10 月 10 日，武昌起义爆发，全国沸腾。11 月 9 日，广东革命政府成立，冯如毅然率助手参加革命，被任命为陆军飞机长，成为中国第一个飞机长。接着国内第一个飞机制造厂在广州燕塘成立。1912 年 3 月，一架与"冯如 2 号"相似的飞机在广东飞行器公司研制成功，这是中国国内制造的第一架飞机，揭开了中国航空工业史的首页。1912 年 8 月 25 日，冯如在广州燕塘公开进行飞行表演。冯如驾驶自制飞机凌空而上，高度 36 米，飞行约 8 千米。当时飞机运转正常，操纵自如。准备着陆时，冯如发现跑道上有两个小

◀‖ 冯如 1 号 ‖▶

孩，冯如急于升高，操纵过猛，致使飞机失速坠地，机毁人伤。经医院抢救无效，冯如以身殉国，年仅 29 岁。冯如被追授为陆军少将，安葬在黄花岗并立碑纪念，被尊为"中国首创飞行大家"。

2009 年 5 月 25 日，在中国航空百年和人民空军成立 60 周年纪念大会上，时任空军司令员许其亮上将在讲话中，称冯如为伟大的爱国者、中国航空事业的先行者、当之无愧的"中国航空之父"。

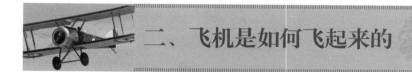

二、飞机是如何飞起来的

什么是飞机 >>>

很多人认为飞机就是航空器，航空器也就是飞机，实际上两者并不完全一样。航空器指的是人造的、各种能在空中飞翔的飞行物体，飞机仅仅是航空器中的一种。前面我们介绍的风筝、气球、飞艇、滑翔机等都是航空器。

那么到底什么是飞机呢？准确地讲，飞机具有三个最基本的特征：一是它自身的密度比空气大；二是飞机由动力驱动前进；三是飞机有固定的机翼，机翼提供升力使飞机翱翔于天空。不具备以上特征者不能称之为飞机，这两者缺一不可。如果一个航空器的密度小于空气，那它就是气球或飞艇；如果没有动力装置、只能在空中滑翔，则称为滑翔机；飞行器的机翼如果不是固定的，靠机翼旋转产生升力，就是直升机或旋翼机。而飞机是有动力驱动的、有固定机翼的、重于空气的航空器。

直升机是另一类主要的航空器，靠旋翼提供升力，与飞机完全不同。直升机可以垂直起飞降落，不需要大的机场跑道，并且可以在空中悬停，被广泛应用于应急救援、海上石油服务、农林业及军事领域。与飞机相比，直升机结构更复杂，耗油率高，飞行速度慢，因此只能应用在特定领域。

由于飞机在各种性能方面远远超过其他航空器，理所当然地成了航空器中的主角。飞机的使用数量占航空器总数的97%以上，这也是许多人把航空器等同于飞机的一个原因吧！

　　飞机的类型千差万别，但主要部件及其功用却是非常类似的。飞机一般由机身、机翼、尾翼、起落架和动力装置等五个部分组成。

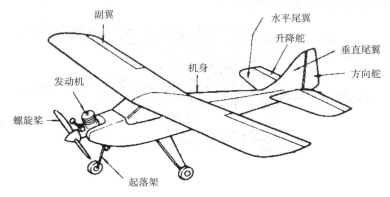

◀‖ 飞机结构 ‖▶

　　机身主要用来装载各种设备、乘员和货物，并将飞机其他部件如机翼、尾翼及发动机等连接成一个整体。

　　机翼用来产生升力，保证飞机在空中飞行，并起到一定的稳定和控制作用。机翼上安装副翼和襟翼，副翼可使飞机滚转，襟翼可以改变升力。

　　尾翼包括水平尾翼和垂直尾翼。水平尾翼由水平安定面和升降舵组成；垂直尾翼由垂直安定面和方向舵组成。尾翼用来操纵飞机俯仰和偏转，保证飞机平稳飞行。

　　起落架由减震支柱和机轮组成，在起飞、着陆、滑跑、地面移动和停放时支撑飞机。

　　动力装置主要用来提供动力，使飞机前进。其次还可为飞机上的其他用电设备提供电源等。典型的动力装置有活塞式发动机、涡轮喷气发动机、涡轮螺旋桨发动机和涡轮风扇发动机。

千姿百态的机翼 》》》

　　机翼越大产生的升力也就越大，所以，早期的飞机机翼尽可能设计得大一些。但受制造机翼材料强度的限制，又不可能做得太大。为了增

◀‖ 三翼机 ‖▶

大机翼的面积，多翼机应运而生，有双翼机、三翼机、四翼机等。

随着技术的发展，因飞机飞行速度提高而获得了更大的升力，飞机就不再依靠增大机翼面积来提高升力了。三翼机、四翼机逐渐被淘汰出局，双翼机成为主流。同样速度下，双翼机的升力大于单翼机而且安全性能也好，但是双翼机的结构重量大，阻力也大，飞行速度受到限制。随着飞机速度的不断提高，双翼机也基本上被淘汰。目前只在小型低速的飞机中还可见到少量的双翼机，如国产的运5飞机就属于这一类型。

在满足飞机所需升力的情况下，为了减小阻力，高速飞机的机翼

◀‖ 双翼机 ‖▶

面积开始变小。但是当飞机的速度超过 600 千米／小时，仅仅靠减小机翼面积已经不能进一步减小阻力了。通过实验，设计人员发现后掠角大的机翼所受的阻力小，升力也小。后掠翼不适用于速度低的飞机，飞行速度越大的飞机其机翼的后掠角就越大。如新舟 60 飞机的飞行速度为 450 千米／小时，未采用后掠翼；波音 737 飞机的飞行速度在 850 千米／小时，后掠角为 25°；波音 747 飞机的飞行速度达到 900 千米／小时，其后掠角增到 37.5°。

◀‖ 波音 737 飞机 ‖▶

机翼在形状上也是多种多样的。低速飞行的小型机，其机翼多选择长方形，除便于制造外，长度相同时长方形的面积较大也是理由之一。大型的高速飞机普遍采用后掠的梯形机翼，超音速的客机则采用三角翼。

◀‖ 上单翼 ‖▶

◀‖ 中单翼 ‖▶

◀‖ 下单翼 ‖▶

　　根据机翼在机身上安装的部位不同，又可分成上单翼、中单翼及下单翼三种类型。上单翼是指把机翼装在机身上方。这种飞机不论你坐在舱内什么位置，都可以通过舷窗饱览下面的风光，不受机翼的阻挡，机身距地面高度低，上下方便，但因机翼离地面较高，维修不方便。中单翼是指将机翼安装在机身中部，这种飞机受到的飞行阻力最小，但是它的翼梁要从机身中间穿过，客舱会被一分为二，所以在民航飞机中基本没有中单翼飞机。下单翼飞机的机翼安装在机身下，起落架容易安排，发动机等设备维修时也方便，大型民航飞机几乎都是下单翼飞机。

　　飞机速度快，升力就增加。但是飞机起降时，飞行速度不可能太快，以免冲出跑道。但是飞机起飞时如果速度上不去，升力不足，飞机就不能飞离地面。为此要求机翼升力可变，起降时升力大一些，高速飞行时升力小一些，飞机上的襟翼很好地解决了这一问题。襟翼被对称地安装在两侧机翼上，可以向下偏转一定的角度，还可向后方伸出一段距离。襟翼向下弯曲后，改变了机翼下表面的弯曲程度，使机翼下方的空气流动变慢，其结果是升力加大。飞机在起飞和降落时，都要打开襟翼以增加低速飞行时飞机的升力。起飞时飞机需更多的升力、尽量减少阻力，此时襟翼打开的角度要小，一般仅15°左右；而在飞机降落时，升力和阻力都要求尽量大，使飞机在降落的同时，速度迅速降低，保持平稳下降和滑行，此时襟翼打开的角度为25°。飞机升空以后速度提高，驾驶员及时收好襟翼，飞机就能以较小的阻力在空中翱翔了。在民航飞机机翼上表面还有很多活动的小翼面，称为"扰流板"，飞机降落时它们被翻起以增加阻力，并且把机翼压向地面以增大机轮与地面的摩擦力。

　　现代飞机的翼梁、肋板及蒙皮都采用铝合金材料，机翼是中空的，为了利用这个空间，制造者用胶把它密封起来存放燃油，这样一来，机翼就变成了大油箱。飞机飞行时，机翼受到的升力是向上的，而机翼中装的燃油重力是向下的，它们会相互抵消。使机翼受力减小，它的结构就可以做得更轻巧。用机翼贮油是个一箭双雕的好创意。大型客机70%的燃油是装在机翼中的。如波音747客机，仅机翼就可以装110吨燃油，相当于2节火车的载重量。

飞机的动力装置 >>>

发动机是为飞机提供动力的，飞机在天空中飞行时，发动机一刻也不能停止运转，发动机一停，飞行速度立刻下降，导致升力下降，飞机也将坠落，因此发动机被称为飞机的"心脏"。

一个强有力的"心脏"要求有足够的推力，自身重量又不能太重。如果发动机重量很大，由它产生的推力不仅不能把飞机送上天，甚至连自身的重量都抵消不掉，更不用说把人和其他货物也送入天空了。

螺旋桨与发动机一起构成完整的动力装置，通常螺旋桨在与飞机前进方向垂直的平面上运动，产生一个向前的推力。螺旋桨和机翼一样也有迎角，当把空气压向后方时就能增加推力，迎角越大，产生的推力也就越大。机翼上各点在飞机飞行时做平行运动，它们的速度是一样的，迎角也是相同的；而螺旋桨是在做旋转运动，其根部运动速度慢，产生的推力小受力也小；而其顶部，运动速度快，产生的推力大，受力也大。这很容易使螺旋桨的顶部受到损坏甚至折断。为了避免这种现象的发生，螺旋桨根部角度较大，由根部到顶部，迎角逐渐减小，使螺旋桨整体在长度方向上所产生的推力大致相等，螺旋桨就结实耐用了。

要想使螺旋桨产生更大的推力，就要加长桨叶。可是桨叶越大，尖端运动的速度也越大，桨的尖端部分受的力也越大，从而带来强烈的噪声。受材料强度及控制噪声要求的限制，飞机使用了长度较短而叶片较多的螺旋桨，以尽可能增加推力减少噪声。小型飞机通常使用两个叶片的单个螺旋桨；大型飞机上使用多台发动机，使用三个叶片以上的多叶片螺旋桨。

机身的作用 >>>

机身的作用是把飞机的各部分连接到一起，其前部是驾驶舱，中部与机翼连接，尾部连着尾翼，机身下面还有起落架。机身既要载人载物，还要连接飞机其他部分，要求在空中受到的阻力必须尽量小。因此机身的形状通常为长筒形，为了减少阻力，前端要缩小。为了防止尾部在起飞时擦地，机尾就要向上翘起并且缩小。典型的机身都是一个中间粗两头小的长筒。大型飞机由一组成型的隔框用多根长梁串接起来构成骨架，外边再用蒙皮包上就形成了机身。

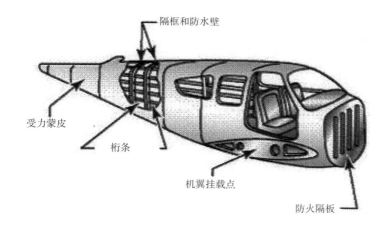

隔框和防水壁

受力蒙皮

桁条

机翼挂载点

防火隔板

◀‖ 机身结构 ‖▶

起落架——飞机的"腿" >>>

飞机离开地面起飞前，需要在地面上滑行、加速、保持方向。而飞机落地时会对地面产生巨大的冲击力，需要一种装置来提供缓冲，落地后的飞机还要刹车滑行减速。实现这些功能的装置就是起落架。

◁‖ 飞机的起落架 ‖▷

　　起落架通常分为两部分：主起落架和前起落架。主起落架位于飞机重心附近，用来承受飞机大部分的重量。中型飞机的主起落架有两个轮子，飞机越重，起落架上的轮子也越多，轮子上还装有刹车装置。为了减少飞机着陆时冲击带来的震动，在主起落架上要安装减震装置，小型飞机用弹簧减震，大型飞机安装液压减震器。前起落架由前轮和转动机构组成，驾驶员通过控制前轮转动就可以让飞机在地面滑行中转弯。

　　飞机落地时，起落架承受着巨大的冲击，冲击力可达到重力的 2 ～ 3 倍。起落架的支柱是飞机上强度最大的部位，这样才能承受上千次的落地冲击。

　　飞机起飞后，如果起落架仍然挂在飞机下面，将会给飞机带来极大的阻力。低速飞行时，作用不太明显，所以早期的飞机起落架都是伸在外面的。随着飞机速度的不断提高，为了减少飞行阻力，机上安装了起落架收放装置。飞机起飞后，起落架被收入机身或机翼的隔舱中。对同一架飞机而言，如果放下起落架飞行最高速度为 170 千米／小时，收起起落架后速度可以提高到 300 千米／小时。一架大型飞机降落时，如果起落架被提前 5 分钟放下，燃油就会多消耗掉近 1 吨。

"尾巴"的作用 >>>

飞机的尾翼在飞行时起平衡作用，有了尾翼，飞机在空中飞行时就不会翻滚。尾翼通常由垂直尾翼和水平尾翼两部分组成，安装在机身的尾部。垂直尾翼可防止飞行中飞机向左右转弯或滚动；水平尾翼可防止飞行中飞机向上向下的翻滚。垂直尾翼包括固定的垂直安定面和可偏转的方向舵，水平尾翼包括固定的水平安定面和可偏转的升降舵。

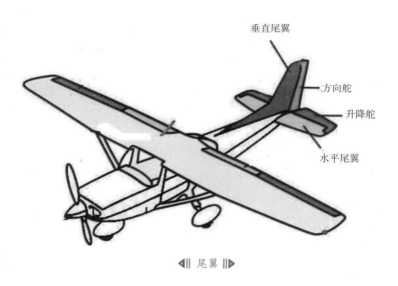

垂直尾翼

方向舵

升降舵

水平尾翼

◀‖ 尾翼 ‖▶

座椅的重要性 >>>

乘客进入客舱后，主要的活动都在座椅上进行，座椅应该既安全又舒服。飞机加速时，乘客会被惯性向后压，座椅会承受向后的压力。飞机减速时，座椅又会受到向前的作用力。如果座椅的性能不好，就可能导致乘客身体受到伤害。座椅在强度上必须能耐受住巨大的冲击力作用。

飞机一般不会突然加速，但会突然紧急减速，乘客向前冲的可能性很大。加装在座椅上的安全带就起到防止乘客前冲的作用。它与座椅紧紧连接，可以调节长度，用卡扣把乘客"捆绑"在座椅上。它不仅可以防止乘客向前冲，还可以防止飞机急速下降时乘客因惯性而被向上抛起。乘客搭乘飞机时，要听从乘务员的指令系好安全带。

乘坐飞机时，每个乘客都需要一定的空间，空间越大越舒适。大型客机为照顾不同要求的乘客，按座位所占空间的大小把机舱分为头等舱、公务舱和经济舱3类。以波音747为例，头等舱每排有4个座位，前后排间隔96.5厘米，乘客可以放倒椅背让身体处于半躺半卧的舒适状态。公务舱每排为6个座位，排间距为86.3厘米。经济舱每排有10个座位，排间距为81.3厘米，乘客面前的空间只能勉强让另一名乘客通过。飞机越小，客舱座位划分的等级也越少，中小型飞机一般只设经济舱。国际民航组织规定：一旦出现紧急情况，大型客机应在一分钟之内把所有旅客全部撤离。如果座位间的距离太小，就不能达到上述要求。因此座位间距离不能小于73.7厘米。但从舒适角度考虑，很少有飞机按最低标准摆放座椅。

各式各样的灯 >>>

飞机上装有各式各样的灯。在客舱和驾驶舱内都装有柔和的照明灯；在驾驶舱中的仪表板上装的是可以自动调节亮度的灯，它发出的光线不会使驾驶员眼睛疲劳；客舱中每个座位的上方还装有供旅客使用的阅读灯；客舱通道还装有紧急备用灯等。但是最引人注目的是飞机外部的航行灯和防撞灯。航行灯安装在机翼的两个翼尖和垂直尾翼的顶端。民航条例规定左翼尖的灯光为红色，右翼尖的灯光为绿色，尾翼是黄色灯光。根据飞机的航行灯"左红右绿中间黄"这条规则，从一架飞机航行灯的颜色就可以判断出它是朝你飞来还是背离你而去。这一点对夜航的飞行安全非常重要。防撞灯装在机身的上方或下腹部，这种灯亮度很强并且按一定的频率不停地闪动，通常每分钟闪动 90 次。防撞灯的颜色有两种，有的飞机用红、白两色，有的飞机用强烈的青白色闪光灯。大型飞机一般安装 3 个以上的防撞灯，使它在很远的距离外就可以被发现。

为了帮助驾驶员在飞机着陆及滑行时看清楚下面及前面的跑道，飞机上还装有着陆灯和滑行灯。着陆灯是飞机下降到离跑道不远时使用的，灯光照向下方，而滑行灯是飞机着陆后用的，灯光照向前方。这两个灯的开关由驾驶员控制。

一杆两舵 >>>

飞机的操纵通过"一杆两舵"来实现，驾驶杆直接控制升降舵和副翼，脚蹬用来控制方向舵。副翼、方向舵和升降舵构成了飞机的三个主操作舵面，通过操作舵面可以灵活地控制飞机的俯仰、转向和侧倾运动。

向左压驾驶杆，右副翼上偏，左副翼下偏，产生左横滚力矩。

向右压驾驶杆，左副翼上偏，右副翼下偏，产生右横滚力矩。

水平尾翼主要用于纵向安定和俯仰操纵。驾驶通过传动管、钢索和双臂曲柄与升降舵相连，驾驶前后运动可以控制飞机进行俯仰运动。

向后拉驾驶杆，升降舵后缘上偏，产生上仰力矩。

向前推驾驶杆，升降舵后缘下偏，产生下俯力矩。

垂直尾翼主要用于方向安定和方向操纵。脚蹬通过钢索、滑轮和相关连接件与方向舵相连，可以改变飞机的航向。

蹬左舵，方向舵左偏，产生左转力矩。

蹬右舵，方向舵右偏，产生右转力矩。

多道安全防护的助力机构 >>>

飞机飞行状态的改变是通过飞行员操纵控制各操作舵面来实现的。小型飞机的操作舵面比较轻，一般重量在 100 千克以下，驾驶员只要用自己的体力就能搬动驾驶杆、踏踩脚蹬从而拉动钢索使副翼或方向舵转动。大型飞机副翼的重量可达 1 吨以上，仅凭体力去操纵这些庞然大物，那是绝对办不到的，因此飞机上就出现了助力机构。

助力器的作用就是帮助驾驶员用较小的力量去操纵笨重的操纵面。杠杆、滑轮、齿轮等机械都可以用来做助力机构。但这些机构有两个缺点：一是各种机械连接之处总会留有一点间隙，要把力传递过去会有时间延迟；第二机械传力是直接的、双向的，如果在传力时遇到阻碍，往往会在反方向造成机构的损害。因此飞机上的绝大部分助力机构都不采用这种方式，飞机采用的多为液压传动助力系统。

早在 17 世纪，法国科学家帕斯卡就总结出以下原理："在一个密闭的容器中，如果对液体的一部分施加压力，液体就可以把这个压强不变地传到容器的每一点"。如果我们把一个装满液体的容器的两面做成活动的，一面的面积小，另一面的面积大，如果大的面积是小的面积的20 倍，在小面积一方施加一个力，那么在大面积的一方得到的力就是原来力的 20 倍。根据上述原理制造出的液压机构就能使一个力成倍增大。液压传力没有延迟，反向的作用力也不会损害相连部件。

飞机上的液压系统一般由泵、管道、作动器、储液箱和阀门等组成。储液箱中存放着专用液体，泵给液体加压，然后输送到管道系统中。管道设有各种阀门，通向飞机上各种需要液压的部件。阀门控制管道中液体的压力、流动方向。管路的一端是发出力量的作动器。作动器有两类：一类是作动筒，它是一个液压缸，缸中有活塞和推杆，液体在缸内推动活塞，活塞与推杆一起向前运动，把变大的力量传出去；

另一类是液压马达，它利用增压后的液体去冲击涡轮转动，输出的是旋转的轴动力。

飞机的升降舵、方向舵和副翼上都有作动筒，用它们来推动这些操纵面的转动。此外作动筒也被装在刹车片的后方。当飞机需要刹车时，作动筒内的推杆把刹车片和固定轮盘压在一起产生摩擦力，从而使飞机停止运动。作动筒还被装到起落架上，当飞机离地后，作动筒把推杆回收，带动起落架收回到轮舱内。飞机降落时，推杆推出使起落架放下。液压马达只用在某些飞机上起到调整发动机转速的作用。

液体的压力越高，它内部存储的能量越高，液压机构的体积也可以做得越小。飞机上使用的液压压力超过 100 百帕，产生的力量是惊人的。收放大型飞机起落架时所用的力高达 1000 千牛以上，而一个成年男子的肌肉力量通常仅为 0.5 千牛。如果这件事靠人力去做，就需要 2000 多人一齐用力才成。

飞机在飞行中，控制机构的失灵是非常危险的。例如飞机降落时放不下起落架，飞机就会发生严重的事故。因此液压系统在飞行的任何时刻都必须保证正常运转。为了防止液压系统失效，在飞机上为它安排了三道防线。大型飞机的液压主要是由两台发动机带动的两个主液压泵来提供的。如果一台发动机发生故障停止工作，那另一台还可以提供全部液压动力，这是第一道防线。如果两台都出了毛病，在飞机上还有一个可由蓄电池供电的直流电动泵，这是第二道防线。假如飞机的所有发动机都出现了故障，发动机泵和交流泵均失去效能，直流泵也不能维持太长的时间，此时还有最后一道防线，即空气冲压涡轮。它平时被藏在机翼内部，只有到了最紧急的关头，驾驶员才按动按钮，把它从机翼内放出来。它实际上如同一个风车，放出来以后，迎面而来的气流吹动涡轮叶片，涡轮旋转带动与它相连的涡轮泵，为液压系统提供压力。有了液压，驾驶员才能放下起落架并且控制副翼和升降舵使飞机安全降落在地面上。这套机构必须快速发挥作用，一般要求它在 7 秒钟之内就做出反应。空气冲压涡轮一旦被放出是无法自动回收到飞机内的，它只能在地面上由维修人员把它安放到原来的位置。

飞机升降和转弯的奥秘 >>>

飞机在天上飞是靠与空气的相对运动来产生升力的，升力的大小主要是由飞机运动的速度和迎角决定的。如果想使飞机上升，首先必须加大推力提高速度，然后操纵驾驶杆使机翼的迎角增大，升力增加，飞机就向上爬升。但飞机的爬升坡度要适度，如果坡度太大，一旦动力不足，它就会往下降落，这种情况就比较危险。飞机准备降落时，驾驶员向前推动驾驶杆，机头逐渐朝下，与此同时，降低飞行速度，飞机才能平稳下滑。此时，如果飞机以小角度下降而速度不减甚至加大，极有可能机头虽然朝下，但飞机整体却向上飘动。

从飞机爬升和下降的操作情况来看，似乎只要驾驶员踩踩脚蹬和控制一下方向舵，飞机就可以左转或右转了。但实际很复杂，因为飞机转弯时会产生侧倾。驾驶杆向右转飞机向右倾斜，这时飞机的重力与地面垂直，可是机翼上的升力却是垂直于机翼的，此刻的升力不再指向地面的正上方而是指向斜上方。由于重力和升力的方向不同，它们不再互相平衡，于是就产生了一个垂直于机身指向右方的力，在这个力的作用下，飞机沿着一条圆弧向右转动，这就是驾驶员利用驾驶杆操纵副翼使飞机转弯的道理。同理，驾驶杆向左转时飞机也会向左转弯。

使用驾驶杆和使用脚蹬控制方向舵都能使飞机转弯，那它们之间有什么差别呢？如果驾驶员只用驾驶杆控制副翼使飞机转弯，例如右转弯，此时飞机向右侧倾斜，飞机向右转，但机头所对的方向并未改变，于是就出现了机头向前而飞机的整体向右转的状态，这样会使阻力增大，造成不必要的燃料浪费。如果驾驶员仅用脚蹬控制转弯，在机身不倾斜的状况下机头突然转向，此时机翼上的气流方向发生剧变，升力下降，机身受力增大，会导致飞机高度快速下降，机舱内的乘客会感觉很不舒服。所以要实现一个平稳的、使人感到舒适的转弯，驾驶员必须同时使用驾驶杆和脚蹬。假如飞机需要右转弯，驾驶员就把驾驶杆向右转动同时踩右脚蹬，此时飞机机头向右转、机身向右倾，飞机在天空中画出一条高度不变的平滑圆润的向右弯曲的美丽弧线。这就是飞机转弯的奥妙。

无人驾驶 >>>

飞机能不能不用驾驶员自动去飞行？1914年，美国发明家斯派雷利用地平仪上的陀螺指针作为飞机平飞的标准，用仪器测出飞机飞行时和这个标准的偏离，再用机械装置予以校正，就使飞机保持在平飞的状态。这就是世界上第一台自动驾驶仪。虽然它只能保持飞机的平飞，但它给后人以启迪，开启了飞机自动飞行的时代。

20世纪70年代，电子计算机进入飞机，飞机有了自己的电子"大脑"。飞行控制计算机可以控制飞机三个轴的飞行状态，实现平飞、转弯和升降。由于飞机转弯和升降时，发动机的推力相应发生变化，又增加了推力控制计算机，对发动机的推力进行控制。飞机具备自行控制飞行姿态和推力的能力后，初步实现了在已设定路线上的自动任意飞行。为了使飞机真正实现自主飞行，飞行控制系统需要与仪表系统实现信息互联，对外部环境进行感知。为了协调各系统的工作，增设了飞行管理计算机。

飞行管理计算机是飞机的控制中枢，在这个中枢的数据库内存储着各个机场及各条航路的数据。驾驶员只要选定航路的起点和终点，将命令输入这台计算机内，它就可以代替驾驶员控制飞机起飞、爬升、巡航、下降，直到降落在目的地机场。这套系统还可以在飞行全过程中即时发出指令，使飞机按照最佳的飞行状态、最经济的油耗飞完全程，从而实现全程自动飞行。

　　既然由计算机系统控制的飞机比驾驶员控制飞得还好，是否以后飞机就不需要驾驶员了？就目前而言还是不行。首先，飞机的航行线路要由驾驶员设定并输入到计算机中去；其次，飞机在起飞和降落这两个阶段中，变化因素太多，计算机只能按预先编好的程序动作，不具备灵活反应的能力；第三，即使在飞机巡航状态，驾驶员可以不做任何动作去控制飞机，但必须监视"大脑"的工作情况，一旦发生紧急情况或"大脑"出现故障，驾驶员要立刻接管飞机，这样才能保证飞行安全。

橘红色的"黑匣子" >>>

　　飞机失事后，有关部门都要千方百计地去寻找飞机上的"黑匣子"，因为黑匣子是判断飞行事故原因最重要及最直接的证据。黑匣子并不是黑颜色的，它的正式名称是飞行信息记录系统。在电子技术中，把只注重其输入和输出信号而不关注其内部情况的仪器统称为"黑匣子"。飞行信息记录系统是一种典型的黑匣子式的仪器，因此业内人士都叫它"黑匣子"。飞行信息记录系统包括两套仪器：一个是驾驶舱话音记录器，实际上就是一个录音机。从飞行开始后，它就不停地把驾驶舱内的各种声音，例如谈话、发报及其他各种声音全部录下来。但它只能保留停止录音前30分钟内的声音。第二部分是飞行数据记录器，它把飞机上的各种数据即时记录下来。早期的记录器只能记录20多种数据，现在记录的数据已达到60种以上。其中有16种是重要的必录数据，如飞机的加速度、姿态、推力、油量、操纵面的位置等。记录时间长达25小时，25小时以前的记录会被抹掉。

　　有了这两个记录器，平时在一段飞行过后，有关人员把记录回放，用以重现已被发现的失误或故障。维修人员利用它可以比较容易地找到故障发生的位置。飞行人员可以用它来检查飞机飞行性能和操作上的不足之处，以改进驾驶技术。一旦飞机失事，这个记录系统就成为最直接的事故分析依据。为了保证记录的真实性和客观性，驾驶员只能查阅记录的内容而不能控制记录器的工作或改动记录内容。

为了确保记录器即使在飞机失事后也能保存下来，就必须把它放在飞机上最安全的部位。研究结果表明，飞机尾翼下方的机尾是飞机上最安全的地方，于是就把这个"黑匣子"安装在此处。黑匣子被放进一个特殊钢材制造的耐热抗震的容器中，此容器一般为球形或长方形，它能承受自身重力 1000 倍的冲击，经受 1100℃的高温 30 分钟而不被破坏，在海水中浸泡 30 天而不进水。为了便于寻找它的踪迹，国际民航组织规定此容器要漆成醒目的橘红色，而不是黑色或其他颜色。在它的内部装有自动信号发生器，能发射无线电信号，以便于空中搜索；还装有超声波水下定位信标，"黑匣子"落入水中后可以自动连续 30 天发出超声波信号。有了以上这些技术措施的保障，不管是经过猛烈撞击的、烈火焚烧过的还是掉入深海中的"黑匣子"，在飞机失事之后，绝大多数都能被找到。根据它的记录，为航空事故分析提供第一手资料，在保障飞行安全、改进飞机设计乃至促进航空技术进步等方面，"黑匣子"都功不可没。

三、飞机的心脏——航空发动机

航空发动机是一种高度复杂和精密的热力机械，为航空器提供飞行所需的动力。发动机是飞机的心脏，直接影响飞机的性能、可靠性及经济性，是一个国家科技、工业和国防实力的重要体现。

无处不在的活塞式发动机 >>>

地上跑的汽车、海里游的轮船、天上飞的飞机，活塞式发动机可以说是无处不在。1903 年，莱特兄弟就是用一台活塞式发动机带动螺旋桨将飞机送上蓝天。第二次世界大战结束前活塞发动机技术到达顶峰。

活塞式发动机是利用一个或多个活塞将压力转换成旋转动能的装

◀ 活塞发送机 ▶

置，活塞安装在气缸内，空气和燃料混合物注入其内后被点燃。热气膨胀，推动活塞向后运动。活塞的直线运动通过连杆和曲轴转换成圆周运动。

活塞式发动机主要由气缸、活塞、连杆、曲轴、气门机构、机体等组成。气缸在发动机壳体上的排列形式多为星形或 V 形，常见的星形发动机有 5、7、9、14、18 或 24 个气缸不等。在单缸容积相同的情况下，气缸数目越多发动机功率越大。

活塞式发动机是一种 4 冲程、火花塞点火的往复式内燃机。曲轴转动两圈，每个活塞在气缸内往复运动 4 次，完成一个循环，活塞每运动一次称为"一个冲程"。

活塞顶部离曲轴旋转中心最远的位置叫上死点，最近的位置叫下死点，从上死点到下死点的距离叫活塞冲程。活塞式航空发动机大多是四冲程发动机，即一个气缸完成一个工作循环，活塞在气缸内要经过四个冲程，依次是进气冲程、压缩冲程、膨胀冲程和排气冲程。

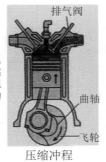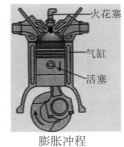

进气冲程　　　　压缩冲程　　　　膨胀冲程　　　　排气冲程

◀‖ 工作循环 ‖▶

进气冲程：发动机工作时，首先进入"进气冲程"，气缸头上的进气门打开，排气门关闭，活塞从上死点向下滑动到下死点为止，气缸内的容积逐渐增大，气压降低。于是，新鲜的燃油和空气的混合物通过打开的进气门被吸入气缸内。

压缩冲程：进气冲程结束，开始进入"压缩冲程"。这时曲轴靠惯性继续旋转，把活塞由下死点向上推动。这时进气门也同排气门一样关闭。气缸内容积逐渐减小，混合物受到活塞的强烈压缩。

膨胀冲程：即"工作冲程"。当活塞接近上死点时，气缸头上的火花塞通过高压电产生电火花，将空气和燃油混合物点燃，气体猛烈膨胀，压强急剧增高，活塞在燃气的强大压力作用下，向下死点迅速运动，推动连杆也往下跑，连杆便带动曲轴转动起来。这个冲程是使发动机获得动力的唯一冲程。

排气冲程：工作冲程结束后，由于惯性，曲轴继续旋转，使活塞由下死点向上运动。这时进气门仍旧关闭，而排气门打开，燃烧后的废气便通过排气门向外排出。当活塞到达上死点时，绝大部分的废气已被排出。然后排气门关闭，进气门打开，活塞又由上死点下行，开始了新的一次循环。

从进气冲程吸入空气和燃油混合物起，到排气冲程排出废气止，燃料的热能通过燃烧转化为推动活塞运动的机械能，带动螺旋桨旋转。

机务祖师——查尔斯·泰勒 >>>

查尔斯·泰勒，1868年5月24日出生在美国伊利诺伊州的一个农场。他参与了莱特兄弟的第一次飞行，成了第一位机场管理者，他还参与了第一架军用飞机的制造和第一次横穿北美大陆的飞行，被美国空军博物馆名人堂列为第一位航空机械师。

泰勒小时候就对机械十分感兴趣，因家庭贫困，12岁辍学外出打工，后来举家迁到俄亥俄州的代顿，在当地一家农用机械和自行车生产企业工作，为从事机械原理研究提供了更多的机会。1901年泰勒开始在莱特兄弟创办的自行车公司工作，帮忙管理商店和维修自行车，一段传奇就此开始。莱特兄弟一直想造出一架真正意义上的飞机，而飞机需要一个发动机，泰勒正好对此有着丰富的经验，利用店里现有的设备和工具，

◀‖ 查尔斯·泰勒 ‖▶

他成功研制出了一台大约 8.8 千瓦、77.2 千克重的活塞发动机，满足了
飞机的飞行要求。

　　泰勒与莱特兄弟一起参与了后续的飞行者系列飞机改进和试飞活
动，负责改进升级发动机，维修受损的飞机。为便于试飞，莱特兄弟在
代顿购买了霍夫曼牧场 40.47 公顷的场地作为飞行试验基地。泰勒将这

◀‖ 飞行者系列的发动机 ‖▶

片土地变成一个机场，修建了一座小型的机库，用来存放飞机和进行维修工作，他也因此成为历史上第一个机场管理者。1904年，飞行者二号在此试飞成功，引起了美国军方的关注。莱特兄弟得到了军方的订单，为军方研制军用飞机。1907年，泰勒参与了第一架军用飞机的研制，主要为该型飞机设计和升级发动机。

1911年，泰勒应邀参与了卡尔·罗杰斯从大西洋畔的纽约到太平洋边的加利福尼亚的飞行冒险活动，一位出版商提供50 000美元的奖金，奖励第一位在30天内穿越北美大陆的冒险者。泰勒作为首席机械师帮助卡尔·罗杰斯成功穿越了北美大陆。9月17日，他们从纽约出发，由于缺乏导航设备，只能沿着铁路轨道飞行，经过大约70次起降和16次以上的坠地，11月5日，顺利抵达加利福尼亚州帕萨迪纳市。虽然因超出了30天的期限而没有拿到奖金，但是这次活动改变了航空史。此次飞行采用的是莱特兄弟制造的双翼飞机，主要结构采用杉木，配装了一台25.7千瓦的活塞式发动机，每小时可以飞行72～96千米。整个旅程只有82个小时是在空中飞行，经常性的摔飞机使泰勒几乎将飞机重建了好多次，只有垂尾和一对机翼撑杆撑到了最后。

1937年，汽车大王亨利·福特打算在自己的博物馆里复原诞生了第一架飞机的工作室，他找到了泰勒来负责这项工作。由于莱特兄弟晚年已将公司出售，许多当年的设备不知去向，经过艰难的寻找，大部分最终被成功寻回。1938年4月16号，莱特兄弟工作室和试飞场地的捐献仪式在代顿举行，查尔斯·泰勒和亨利·福特一道在记者的闪光灯下见证了人类航空史起点复原的盛况。之后，泰勒继续着他的工作，利用那些当年使用过的设备制造莱特兄弟飞机的复制品。

为了表彰查尔斯·泰勒在飞机维修领域的贡献，美国联邦航空管理局（FAA）以他的名字设立了"查尔斯·泰勒——卓越机械师"奖，颁发给那些将毕生精力贡献给航空维修事业的资深机械师。获奖者必须在

◀|| "查尔斯·泰勒——卓越机械师"证书 ||▶

航空维修岗位上工作 50 年以上，获奖者的名字将会被收入位于首都华盛顿的联邦航空管理局大楼内的"荣誉人士"之书内。

世界上最大的活塞式发动机 >>>

XR7755 水冷星型活塞发动机是专门为 B–36 重型轰炸机研制的世界上最大的活塞发动机。拥有 4 层汽缸，每层 9 个，总数达到 36 个，排量为 127 升，单台最大功率 2499 千瓦，采用更加高效的水冷结构。为了优化燃油效率，使用了两组不同的凸轮轴，可以在不同转速下选择偏心距不同的凸轮，来改变发动机的配气相位，进而改变发动机工作状态，可以在巡航的时候使用较低的功率，减少燃油消耗，而在起飞的时候则火力全开。其改进型 XR7755–3 使用性能更好的共轴反转式螺旋桨，XR7755–5 型使用了如今在汽车上广泛使用的燃油喷射系统，比传统的化油器更优秀，燃油雾化更加彻底，空燃比也更加接近完美。强大的动力装置使得 B-36 轰炸机在起飞重量、载弹量、续航力及滞空时间等多个领域长时间保持着冠军的称号。

◀ XR7755 活塞发动机 ▶

新中国第一台航空发动机 >>>

看到国产雄鹰翱翔蓝天，你可知道，新中国第一台航空发动机是何时、何地诞生的呢？

中华人民共和国成立后，人民空军正式组建，开始引进苏联的飞机和发动机制造技术。在苏联专家帮助下，1954 年 8 月 16 日，中华人民共和国第一台航空发动机 M-11 活塞式发动机在湖南国营 331 厂试制成功，并通过国家鉴定，这是中国航空工业史上重要的一天。

1951 年 4 月，中央人民政府革命军事委员会和政务院联合颁发了《关

◀‖ M-11 活塞式发动机 ‖▶

于航空工业的决定》，成立了军委领导下的以聂荣臻、李富春为正副主任的航空工业管理委员会。同时决定，5 年内拨出相当于 25 亿 ~ 30 亿千克小米的资金，试制两种飞机的航空发动机。试制任务交给了墙泥未干的 331 厂。

M-11 活塞式航空发动机，起飞功率为 118 千瓦，用于军用教练机，共有零部件 567 种 2684 件。对于为修理航空发动机为任务而组建的 331 厂，试制任务难度之大可想而知，更何况只有 5 个月的时间。

几千张施工卡要重新编制，3121 种工具、夹具、刀具、量具需要设计制造，生产工艺装备的厂房要从土建开始，这仿佛一座座高山，横亘在创业者面前。根据生产需要，厂里设立了设计、工艺、冶金、检验

◀‖ 装备国产活塞式发动机的初教五飞机 ‖▶

四大总师，抽调技术骨干强化技术部门，相继建立了各项管理制度。经过与苏联专家反复研究，提出了"平行作业，分步实施，关键环节集中围歼"的攻关策略，一场啃"硬骨头"的战斗打响了！

抗日战争时期就是一名兵工战士的车间主任范学明，带领职工日夜奋战，把一个仓库改建成装配车间。在打磨水磨石地面时，他们跪在地上，用手按着砂轮来回蹭，手破了，包扎后忍着痛再干。共产党员吴荣保是1952年从上海支援航空工业建设的老工人，到厂时正遇上苏联制造的精密坐标机床刚安装好，他主动请求担任操作工。在苏联专家指导下，他第二天就开动了机床，加工出了零件。工具车间在制造汽缸头钢模时，既无光学曲线磨床，又无线切割机床，工人们就用锉刀锉，用油石磨，制成数十块型板和样板，完成了钢模制造任务。在钢模加工中，青工王景海通过技术革新，解决了一个零件的圆弧加工难题。

干部、技术人员、工人不分彼此，大力合作，在苏联专家指导下，先后突破了汽缸散热片多刀切削、汽缸筒镗磨、气门导套锁孔、汽缸和缸头热组合等关键工序，试制成功了发动机上的第一个大组件——汽缸组合。初战告捷，大大鼓舞了全厂职工，大家忘记了生活上的艰苦，一门心思扑在生产上，许多人通宵泡在工房里。

南国之夏，烈日当空。工作在简陋厂房里的职工个个汗流浃背，尤其是电镀热处理工房，更是炎热如蒸。凭着在上海旧书摊上买的一本中华书局出版的《电镀法》，没有一名专业技术人员的电镀热处理车间的职工，在一座由原国民党兵工厂无挡雨棚盖的小澡堂改建的电镀工房内试验电镀。镀槽尚未加工好，他们就用一只痰盂放在一口大缸中，在痰盂外灌开水加温，不断改进药液配方和操作法，经过无数次反复，硬是用这土得不能再土的设备成功地为第一个航发件镀上了铜。

创业之路，步步艰难。镀铜成功后，电镀人员接受了滚珠轴承外环镀铬的新任务。具体操作时，原先在试验镀铜工艺时掌握的用胶皮、松香等材料对镀件堵孔盖封的方法不灵了，反复试验十多次，每次松开盖板，总能看见镀件表面有被铬酸水腐蚀的斑痕。车间开起了"诸葛亮会"，大伙儿你一言我一语争着发言。青工董耀湘说："我看炸油条时，油在锅里上下翻滚，油条面上的油层不断更新，这个现象是不是可以参考？"一句话触动了技术副主任朱雪壮，何不反堵为通呢？当下大家就忙开了，把两边的夹板钻出大孔，使其空气流通。果然奏效，镀件受镀面镀上了铬，而非镀面丝毫未被腐蚀。

炎热也还罢了，偏偏风雨也来凑热闹。当时，正在进行汽缸头钢模零件氧化，由于工房中没有大型氧化槽，大伙儿便在马路边的明水沟里架上焦炭炉，上搁大水槽，露天工作。岂料天公有意为难，第二天暴雨倾盆，工人们只得手忙脚乱支好帐篷，但身上早已被淋得透湿。入夜，灯光映着炉火，也映出工人们脸庞熠熠的光亮，看上去，他们就是一群钢雕铁铸的人。凭着土办法和百折不挠的精神，凭着振兴祖国航空事业的神圣使命感，一道道难关被创业者们逾越了。

1954年7月26日，最后一批零部件加工完毕。装配工人奋战三昼夜，完成了总装任务。8月16日5时39分，200小时长期运行试车考验结束。当厂长牛荫冠激动不已地汇报了试制情况后，国家鉴定委员会的成员们都兴奋地向他握手致谢。在审查了有关资料和现场察看了发动机运转情况并对发动机进行分解检查后，国家鉴定委员会签署了鉴定意见："国营331厂所制'0'批五零号机，性能符合苏联技术要求，可保证第一次入厂定期工作之前的使用寿命为200小时，可作为空海军教练机之用，并批准工厂进行成批生产。"

职工们得知自己亲手制造的航空发动机通过了国家鉴定后，聚在一起唱啊跳啊，欣喜伴着泪水，人们久久不肯散去。在航空发动机试制成功的同时，与之配套的飞机也在祖国南方的另一家工厂——320厂诞生。不久，一批批装上了中国自己生产的航空发动机的"银鹰"扶摇而上，飞上蓝天，翱翔在广阔的祖国领空。

超越音速的涡轮发动机 》》》

　　随着飞机在空战中被广泛使用，对性能要求越来越高，二战之后，高空高速成为军用飞机研制厂家竞相追求的目标。活塞式发动机难以满足要求，涡轮发动机应运而生，军用飞机进入超音速时代。

　　涡轮发动机是一种利用旋转的机件从穿过它的流体中汲取动能的发动机形式，也是内燃机的一种。它由压缩机、燃烧室和涡轮机三部分组成。压缩机分低压压缩机和高压压缩机，把进入压缩机内的气流压缩成高密度、高压的气流。燃烧室内燃料与气流混合并燃烧，产生高温燃气，涡轮在高温气流推动下旋转，产生动能。

　　涡轮增压发动机是一个空气压缩机，它利用发动机排出的废气作为动力来推动排气道内的涡轮，涡轮转动的同时带动位于进气道内同轴的叶轮，叶轮压缩由空气滤清器管道送来的新鲜空气，再送入气缸。当发动机转速加快，高速的废气推动涡轮提速，废气排出速度与涡轮转速同步加快，空气压缩程度得以加大，发动机的进气量相应增加，气缸内燃

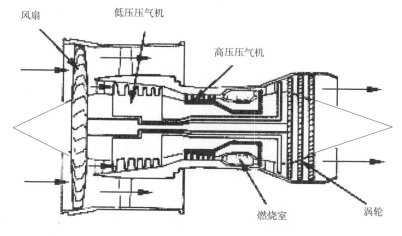

风扇　　　　低压压气机　　　　　　高压压气机

燃烧室　　　　涡轮

◀◀ 涡轮发动机结构图 ▶▶

烧更充分，动力输出就更高。

根据输出动力形式不同，涡轮发动机分涡轮喷气发动机、涡轮风扇发动机、涡轮螺旋桨发动机和涡轮轴发动机四类。

涡轮喷气发动机由进气道、压气机、燃烧室、涡轮和尾喷管四部分组成。完全依赖燃气流产生推力的燃气涡轮发动机，通常用作高空高速战斗机的动力。

传奇人物弗兰克·惠特尔 >>>

弗兰克·惠特尔，1907 年 6 月 1 日出生于英国考文垂，从小就立志加入皇家空军。惠特尔在 1923 年 1 月通过了皇家空军的入学考试，进入第二技术训练学校开始为期 3 年的机械师培训。惠特尔很快就表现出了机械方面的天才。1926 年，惠特尔被录取为飞行员，进入克伦威尔皇家空军学院学习，其间撰写了《飞机设计的未来发展》，大胆提出了一种喷气式发动机的结构雏形：被活塞发动机压缩后的空气进入一个

◀‖ 弗兰克·惠特尔 ‖▶

特别设计的燃烧室，再向燃烧室内喷入雾化燃油与空气混合，点燃后让燃气高速向后喷射产生推力，以便让飞机高速飞行。惠特尔的喷气式发动机具备了吸气、压缩、燃烧、喷气四个工作流程，大大超出了当时人们的想象力，被视为天方夜谭。

惠特尔最初设计的最大缺陷在于活塞发动机驱动的压气机压气效率过低，无法满足喷气发动机的需要，而且活塞发动机过于笨重，很难达到实用化的要求。后来惠特尔绞尽脑汁想出了一个绝妙的主意，那就是在燃烧室后方增加一组动力涡轮，在高温燃气的驱动下高速旋转，带动安装在燃烧室前方的离心式压气机向燃烧室提供压缩空气。如此一来，压气效率和重量问题迎刃而解，这成为现代燃气涡轮发动机的基本设计理念。

1930 年，惠特尔获得了涡轮喷气发动机的设计专利，但英国航空部门拒绝提供资源让惠特尔制造原型发动机。1935 年，惠特尔得到一个难得的机会，两名前皇家空军军官在得知惠特尔的涡轮喷气发动机专

◀|| 惠特尔和首台涡轮喷气发动机 ||▶

利后，深感其中存在巨大的军事价值，帮助惠特尔融资成立了动力喷气有限公司，开始试制涡轮喷气发动机。

1937 年，惠特尔成功测试了第一台涡轮喷气原型机，引起了皇家空军的兴趣，决定资助惠特尔发展实用化的涡喷发动机。

1938 年 3 月，惠特尔涡轮喷气发动机通过了性能测试，英国皇家空军开始研制喷气式战斗机。1941 年 5 月，安装惠特尔喷气发动机的格罗斯特 E-28/39 验证机首飞成功。但是由于政府机构的短视，英国第一种喷气式战斗机格罗斯特"流星"于 1943 年 5 月 5 日才首飞，比德国 Me262 晚了一年，在性能上也处于下风。

◀‖ E-28/39 验证机 ‖▶

第二次世界大战之后，惠特尔与英国政府之间的关系始终没有得到改善，他一手创办的动力喷气公司于 1944 年 4 月被强制国有化，惠特尔被迫放弃发明所有权。1946 年，动力喷气公司又被并入范堡罗国家燃气涡轮研究院，成为罗尔斯·罗伊斯公司专属的研究机构。

1948 年，英国政府终于公开承认惠特尔所做出的卓越贡献，英王乔治六世授予他爵士头衔，奖励他 10 万英镑并晋升准将。但惠特尔此时已心灰意冷，加上健康状况不佳，从皇家空军退役，担任英国海外航空公司的顾问，不再参与喷气发动机的研究。

1976 年，惠特尔移居美国，成为美国海军学院的一名教授，并和同在美国的德国涡喷发动机的发明者冯·欧海因成为好友。惠特尔把后半生的大部分时间都用在了传授涡喷发动机的相关知识上。1996 年 8 月 9 日，惠特尔在家中逝世。

弗兰克·惠特尔爵士是一位具有巨大热情和奉献精神的天才设计师，对喷气发动机和整个航空业的发展都起到了巨大的推动作用。

我国的涡喷发动机 >>>

涡喷 –5 是沈阳航空发动机厂根据苏联 BK–1ф 发动机的技术资料仿制的第一种国产涡喷发动机。涡喷 –5 是一种离心式、单转子、带加力航空发动机，属于第一代喷气发动机。首批涡喷 –5 于 1956 年 6 月通过鉴定，开始投入批量生产。截至 1985 年涡喷 –5 系列发动机停产，沈阳航空发动机厂和西安航空发动机厂共生产 9658 台，主要用于米格 –15 系列和国产歼 –5 系列战斗机。涡喷 –5 发动机的研制成功，标志着中国航空发动机工业已从活塞式发动机时代发展到了喷气式发动机的时代，成为当时世界上为数不多的几个可以批量生产喷气式发动机的国家之一。

涡喷 –6 是沈阳航空发动机厂在苏制 Рд–9Б 喷气发动机基础上仿制的，1959 年 7 月定型，是中国首型超音速航空发动机。涡喷 –6 系列发动机是产量最大的国产航空发动机，总产量高达 29316 台，主要用于歼 –6、强 –5 系列战斗机。

涡喷 –7 是参照 P–11F–300 发动机仿制的双转子加力涡轮喷气发动机。由于材料的原因，中国仿制的涡喷 –7 一直无法达到 P–11F–300 的性能水平。北京航空材料研究院专家容科提出了将涡轮实心叶片改为空心叶片，用强制冷却的方法提高叶片耐高温性能的设想，并在一年内研制成功 9 孔成型精确的高温铸造合金空心叶片，成为继美国之后世界上第二个掌握这一技术的国家。

涡喷－13是在涡喷－7的基础上参照P－13发动机研制的涡喷发动机，采用环管形燃烧室，增大了空气流量，扩大了发动机的稳定工作裕度。涡轮叶片采用无余量精铸工艺，定向凝固合金材料，火焰稳定器采用高歌教授提出的沙丘驻涡技术。1998年6月8日配装歼－7FS首飞，代表了当时中国航空发动机制造的最高技术，发动机的可靠性、耐久性和操纵灵活性大为改善。

涡喷－14是由沈阳发动机研究所设计、黎明航空发动机集团公司研制的新一代涡喷发动机。2002年5月定型，主要用于歼－8H/F/G系列战机。它的研制成功标志着中国航空发动机从测绘仿制、改进改型跨入了自行研制的新阶段，结束了长期以来不能自行研制航空发动机的历史。

中国的"昆仑" >>>

严成忠，1939年7月出生，山东济南人，南京航空学院毕业，研究员，享受国务院特殊津贴。1961年10月参加工作，历任沈阳发动机设计研究所设计员、总体性能组组长、副总设计师、副所长、总设计师。先后被聘为北京航空航天大学、西北工业大学、南京航空航天大学兼职教授，中国航空学会动力分会委员和《航空动力学报》编委、副主编，《航空发动机》副主编、主编，"863"航天技术领域第二届专家委员会委员。

严成忠先后参加了多种型号发动机的总体方案论证、设计和调试工作，主持研制了我国第一台具有自主知识产权的航空发动机——"昆仑"发动机，第一台具有完全自主知识产权的12.8MW燃气轮机——QD128，结束了长期以来

◄‖ 严成忠 ‖►

航空发动机只能测绘仿制及改进的历史，使我国成为继美、俄、英、法之后第五个能独立设计、研制超音速飞机发动机的国家，为我国航空工业发展做出了杰出贡献。

2001 年 12 月 20 日，随着试车台上新型发动机寿命试车最后冲刺的成功，我国第一台自行设计、具有自主知识产权的"昆仑"高性能双转子涡轮喷气发动机横空出世。2002 年 7 月，国家正式批准"昆仑"设计定型。严成忠深情地说："我们自行研制发动机好像接力赛，一棒一棒往下传。我很幸运，'昆仑'这根棒传到我手中成功了，这是我们几代航空人智慧和汗水的结晶，不是我个人的功劳。许多人未看到这一天，就过早地走了，留下无法弥补的遗憾，想起他们就心里难过。我义不容辞的责任就是把这根接力棒传下去！"

◁∥ 涡喷 –14 发动机 ∥▷

世界先进水平的"太行之星" ＞＞＞

1964 年，沈阳航空发动机研究所开始为空军新一代歼击机研制加力式涡扇发动机，代号为涡扇 –6。涡扇 –6 发动机是针对高空高速歼击机的技术要求设计的，在发动机参数和控制计划的选择方面，充分注意了提高发动机推重比和高速性能。"文革"期间，涡扇 –6 研制进度受到一定的影响，20 世纪 80 年代初期才达到设计指标。后因空军飞机研制计划的改变，涡扇 –6 失去使用对象，于 1984 年停止研制，总计生产12 台。

1972 年，中国开始与英国接触讨论引进"斯贝"MK511 型民用涡扇发动机的可能，并考虑引进后在此基础上发展自己的军用涡扇发动机。1974 年，双方进入了实质性的谈判阶段，出人意料的是，英方主动提出可以直接向中国提供"斯贝"MK511 型的军用型"斯贝"MK202 型发动机的生产许可证，这无疑是一个意外的惊喜。1975 年 12 月 13 日，中、英双方签订了"斯贝"MK202 型发动机的引进合同，中国可以按许可证在国内生产组装该型发动机。"斯贝"MK202 引进后，由西安航空发动机厂负责试制生产，国内称其为涡扇 –9 发动机。由于种种原因，涡扇 –9 一直没有完全实现国产化。直到 2003 年 7 月 17 日，国产化的涡扇 –9 终于通过工程技术鉴定，获准投入批量生产。

20 世纪 80 年代后期开始研制涡扇 –10 发动机，它是中国自行研制的、具有自主知识产权的第一台大推力加力式涡轮风扇发动机，也称"太行之星" 发动机。2006 年 3 月 24 日设计定型。沈阳发动机设计研究所为"太行之星"发动机总师单位，黎明、西航等单位为承制单位。"太行之星"发动机采用了大量的先进技术，带进气可变弯度导向叶片的三级风扇，带有复合冷却技术叶片的高压涡轮，弯扭组合气动设计的低压涡轮，平行进气、分区分压供油的加力燃烧室，全程无级可调收敛扩散式喷口，以及高、低压转子转向相反的设计等。另外，发动机从设计上注重维修品质，采用单元体结构设计，设置齐全的状态监控手段，提供方便的保障设施。这些先进技术填补了国内空白，达到了国际先进水平。

太行之星总设计师江和甫，1940 年出生，华东航空学院发动机系毕业，著名航空动力专家。1961 年参加工作，历任沈阳黎明航空发动机厂设计员、主任设计师、副总设计师、总设计师，中航工业燃气涡轮研究院总设计师。

江和甫参加并主持了 WP13 和 WP13AII 发动机的研制和改进设计，获得国家科技进步一等奖。担任中推核心机总设计师，攻克了高温、高压、高速等一系列难关。主持完成了中等推力涡扇发动机验证机工程设计工作，参加了新型涡扇发动机关键技术预研工作，大胆采用航空动力前沿技术成果和大量新材料、新工艺，突破了 160 余项关键技术。发动机核心机的研制成功，标志着我国新一代航空发动机研制取得了重大进展，进一步缩短了与世界发达国家的差距。

◀║ 江和甫 ║▶

江和甫十分注重知识的传承和工程经验的总结，高度重视并积极推动我国航空发动机的设计体系建设，主持编制了我国首部《涡轮风扇发动机设计规范》，主持修订了多个行业标准。《涡轮风扇发动机设计规范》获国防科工委科技进步二等奖。

世界上最成功的涡桨发动机 ⟫⟫⟫

PT6 系列是历史上最成功的涡桨发动机，截止到 2015 年 11 月，累计生产 51 000 台，运转 4 亿小时以上，功率范围从 426 千瓦到 1426 千瓦。

PT6 采用独特的逆流自由涡轮设计，自由涡轮就像风车一样，小直径风车转速快，大直径风车转速慢。由于自由涡轮的转速与发动机转速脱钩，自由涡轮涡桨可以用单转子核心发动机实现双转子的效果，或者用双转子核心发动机实现三转子的效果，热力学效率显著高于直接驱动、齿轮减速的传统涡桨。

◀‖ PT6 涡桨发动机 ‖▶

PT6 发动机的喷口在很靠前的奇怪位置，几乎紧贴在螺旋桨后，好像两撇小胡子一样。正是因为这个独特的设计，进气依然在前方，绕过核心发动机后，从尾后折返向前，进入核心发动机，因此成为逆流设计。PT6 发动机主要用于中低速飞机，进气在发动机尾转弯时，动能转化为压力，是有利于压气机工作的。喷气的能量在吹动自由涡轮之后，本来就没有多少动能了，只是排气而已，所以再转个弯问题也不大。

涡轮轴发动机由进气装置、压气机、燃烧室、燃气发生器涡轮、动力涡轮（自由涡轮）、排气装置及体内减速器、附件传动装置等部件构成，是燃气通过动力涡轮输出轴功率的燃气涡轮发动机，也是直升机的主要动力。

涡轮轴发动机于 1951 年 12 月开始装在直升机上做第一次飞行。那时它没有自成体系，属于涡轮螺旋桨发动机。随着直升机在军事和国民经济中使用越来越普遍，涡轮轴发动机才获得独立的地位。

涡轮轴发动机与涡轮螺旋桨发动机都是由涡轮风扇发动机演变而来，后者将风扇变成了螺旋桨，而前者将风扇变成了直

◀‖ 涡轴 -8 ‖▶

升机的旋翼。除了普通涡轮，涡轮轴发动机中一般都装有自由涡轮。普通涡轮带动压气机，维持发动机工作；自由涡轮由燃气驱动，通过传动轴专门用来带动直升机的旋翼旋转，使它升空飞行。此外，从涡轮流出来的燃气经过尾喷管喷出，可产生一定的推力，但由于喷速不大，这种推力很小。涡轮轴发动机主要用于直升机，由于通过旋翼的空气流量是通过涡轮轴发动机空气流量的 500 ~ 1000 倍，因此旋翼转速要求更低，减速系统在涡轴发动机设计、制造中占的比重更大。同时直升机的工作

◀‖ 涡轴 -9 ‖▶

任务对发动机提出了一些特殊要求。直升机一般用于执行短途飞行任务，发动机经常处于起飞、悬停、爬升等工作状态，这就要求部件有良好的耐低频疲劳性能。直升机经常接近地面，发动机经常受到外来物的侵蚀，所以要求有良好的抗侵蚀能力，一般进气部分常装有防护装置。

中国航空发动机之父 >>

吴大观，原名吴蔚升，1916 年 11 月 13 日出生，江苏扬州人，西南联合大学航空系毕业，航空发动机专家，高级工程师，中国航空发动机事业的开拓者，被誉为"中国航空发动机之父"。

1931 — 1937 年，吴大观在扬州头桥乡贤王鉴人的资助下，进入江苏省立扬州中学学习。1937 年，吴大观被保送进入长沙临时大学机械系。1938 年随校搬迁，进入昆明西南联大学习。求学期间，目睹日本飞机狂轰滥炸的侵略行径，吴大观下决心走"航空救国"之路。读完机械系三年级后，申请转读航空系。

1942 年 8 月，吴大观大学毕业。1944 年，被选送到美国莱可敏航空发动机厂以设计试验工程师名义进行深造。学习期间，从零部件制图到整台发动机设计性能计算，从部件试验到整机试车，经过系统的学习锻炼，仅用半年时间就基本掌握了活塞式发动机设计的全过程，还掌握了齿轮工艺、工装夹具、刀具设计及其加工技术。随后又赴美国普

◀| 吴大观 |▶

惠航空发动机公司学习，对涡轮喷气发动机产生了浓厚的兴趣。1946年，他以业余爱好者的身份研究喷气技术，为以后从事航空发动机设计工作奠定了理论基础。在美期间，吴大观广泛接触各阶层人士，在技术领导、工程师、车间工人中广交朋友，曾两次被当地教堂请去做抗日战争中中国妇女的抗日活动和儿童教育的报告，揭露日本侵略军蹂躏、残杀中国人民的罪行，宣传中国人民抗日的斗争精神。在美期间，美对华的歧视政策，极大地刺痛了他的民族自尊心，学成后拒绝美国有关单位的高薪聘请，毅然选择回国。

1947年3月，吴大观启程回国，仅带回了两个装满书籍和技术资料的大箱子，唯一愿望就是把在美国学到的航空技术贡献给祖国。回国后，他被安排到贵州大定航空发动机厂广州分厂做筹建工作，因南京国民政府的腐败，根本没有人重视航空工业，不得已愤然离职。

1948年，吴大观来到北平，在北京大学工学院机械系任讲师，讲授航空发动机设计及齿轮设计和加工两门新课，颇受同学们的欢迎。期间参加了反饥饿、反迫害等爱国运动。1948年冬，在中共地下党的安排下，吴大观与妻子、孩子和弟弟一家四口来到石家庄。到达解放区时，他心情十分激动，对妻子和弟弟说："这才是我向往的世界，祖国的航空事业和繁荣昌盛全靠共产党的领导，我要为此而献身。"聂荣臻司令员亲切接见了他，鼓励他为祖国的航空事业贡献力量。1948年12月，吴大观随解放军回到北平，参加了接管矿冶研究所的工作。1949年11月，被任命为重工业部航空筹备组组长。

1951年航空工业局成立，吴大观参加了发动机生产管理，孜孜不倦地学习苏联新的喷气发动机生产工艺资料。1956年，吴大观被调到沈阳410厂组建我国第一个喷气发动机设计室，开始设计我国第一台喷气教练机用的动力发动机。经与同事们反复研究，决定以涡喷–5发动机为原型机，用相似定律进行缩型设计喷发–1A型发动机。利用410厂已有的锻铸毛坯、工装设备，不增加任何新材料，就可制造出新的发动机。他以敢于拼搏、勇于创新的精神，与广大工人日夜奋战了210天，经过20小时的持久试车，首批4台发动机研制成功。

1958年8月1日，4台发动机装在歼教-1飞机上试飞成功，标志着喷发-1A型发动机胜利诞生。试飞成功的那一天，叶剑英元帅、刘亚楼司令员专程从北京赶来参加庆祝大会。

1959年9月，吴大观负责设计、试制的红旗2号喷气发动机上台试车，为国庆十周年献礼。

1961年8月，国防部第六研究院第二设计研究所（航空发动机研究所）成立，吴大观担任技术副所长，主持二所的发动机研制工作和试验基地的建设。吴大观努力探索发动机研制方法和研制程序的新路子，多次出国考察，学习借鉴国外经验。吴大观认为，研制发动机必须先抓试验设备、测试仪器和测试技术。鉴于在研制过程中有大量的部件验证和整台发动机调试，他向上级建议二所必须建设相当规模的试验基地。经批准后，他在所内抽调有工作经验的技术人员组建了试验设备设计室。他多次说："当前计算机技术虽然能解决发动机设计中很多难题，但是发动机最后设计成功，仍然需大量的发动机试验。"经国家批准，二所开始筹建0307试验基地，为发动机研制创造了必备的试验条件。在发动机试验工作中，吴大观还抓住另一个重要环节，即测试仪表和测试技术。他主张高精度的温度、压力、振动、应力传感器都要立足于国内，自力更生，这样即使受国际封锁也不会影响发动机的正常研制。他抽调一批技术人员，组成仪表设计试验室和强度仪表试验室。为了便于技术人员学习掌握电子技术，20世纪50年代末，吴老把他从美国带回的电子管长短波收音机拿出来，供他们装拆练习。他反复强调，设计力量、材料工艺和试验设备是发动机研制的三大技术支柱，三者缺一不可。

1978年底，组织上调吴大观到西安430厂任副厂长兼设计所所长，负责英国"斯贝"发动机专利仿制工作。担任发动机总装、持久试车、部件强度考核和整机高空模拟试车台考核试验的中方技术负责人。在他的组织领导下，中方技术人员把英国交来的技术资料进行整理归纳，并按专题组织讲课，提高了设计人员的责任感和技术水平。他经常说："用人民的钱买来的资料，每个技术人员都有责任钻研学习，整理好留给后人阅读。任何丢失资料、不认真学习的行为，都是对人民的犯罪。"在"斯贝"发动机试制进入总装试验阶段，吴大观任现场总指挥，亲自检查，严格把关。进行150小时定型持久试车时，英方专家两班倒，而吴大观一个人顶两班，甚至发烧39℃仍坚持工作，以致晕倒在试车台上，被领导命令送回家休息。他感到试车责任重大，两小时后又出现在试车台上。1979年底，"斯贝"发动机在430厂顺利通过了150小时持久试车。

1980年初，吴大观带领20多人的技术队伍，将发动机送到英国进行高空模拟试车和部件考核试验。他严格按照合同规定，逐项进行试验考核，碰到质量问题一追到底，及时解决。在英国的半年中，吴大观带领这支技术队伍，技术上精心指导，工作上严格要求，学习上分秒必争，在较短时间内，使我国的高空模拟试验技术得到了很大提高，并收集了一批技术资料，为我国以后自建高空台提供了技术储备。吴大观严谨的工作作风和令人信服的技术水平得到英方的赞誉。

1982年，吴大观从西安调到航空工业部科技委任常委。一个长期从事基层工作的领导调到部机关工作，本可以超脱一些，他却利用这个机会，冷静地总结在基层研制发动机的经验教训，分析研究设计工作的关键技术。他经常到图书馆查阅资料，阅读期刊，从理论上充实自己，系统地研究航空发动机的新技术。他自学5年，钻研并掌握了现代发动机新技术，做了上百万字的笔记，写出了大量的心得和建议。他先后被西北工业大学、北京航空航天大学、南京航空学院聘为兼职教授，现身说法，鼓励同学们献身航空事业。

四、飞行离不开仪表

机在空中飞行，驾驶员时刻要知道当时的飞行高度、速度、所在位置、飞行姿态、燃油消耗等许许多多的数据，根据这些数据的变化，操纵调整飞行状态以便与空中环境相适应。

飞机仪表的发展 >>>

早期的飞机上只安装了很少的仪表，全靠驾驶员自己的观察及大脑分析飞行情况来驾驶飞机。在低空低速飞行时，用这种方式操纵飞机还勉强可以保证飞行安全。飞行速度和飞行高度增加以后，仅靠驾驶员的感觉就无法适应这种变化，因此各种功能的飞行仪表被研制出来并安装在飞机上。这些仪表可以准确地测量出飞机飞行时的各种参数。驾驶员只需要注意观察仪表上显示的数据，就能准确地知道飞机所处的状态。飞行仪表好比飞机的耳目，依靠它们，飞机才不会在天空中"瞎"飞。

20世纪70年代，电子显像技术以及电子计算机技术使飞机上的仪表技术得到了一次飞跃。电子计算机不仅可以收集、处理各种参数，而且可以据此进行分析，发布指令，甚至代替飞行员去操纵飞机，飞机真的好像有了自己的"大脑"。

老式飞机中，驾驶舱内设5个位置，分别是正、副驾驶员，飞行机械师，报务员，领航员。他们每人面前都有一大堆仪表和操纵装置，个个都忙个不停。正、副驾驶员负责驾驶飞机；飞行机械师管理着发动机；报务员通过收发电报与外界联系；领航员则根据飞行速度、风速、地图等不断计算着飞机的位置及航向。根据领航员的计算结果，驾驶员才能驾驶飞机在正确的航道上飞行。现代飞机的驾驶舱内，只有正、副驾驶员在驾驶飞机。位于他们面前的是整洁明亮的仪表板，显示屏上闪烁着各种数据和图形。驾驶员除了在飞机起飞和降落时全神贯注地操纵飞机外，在飞行的其余大部分时间里，他们都只是从容地用眼睛监视着电脑自动操纵飞机。这种变化极大地加强了飞行的安全性。

最近 30 年以来，飞机制造业最大的进步主要表现在机上的仪表和电子仪器的先进性上。从前每架飞机制造的成本中，仪表所用资金只占5% 左右，现在超过 30%。

飞行员的眼睛——飞行仪表 >>>

◀‖ T 型布局 ‖▶

地平仪、航向罗盘、高度表、空速表是飞行中驾驶员所使用的仪表中最重要的四块仪表。

在令人眼花缭乱的仪表板上，这四块仪表理所当然地被安排到驾驶员座位的正前方，使驾驶员很容易看到它们显示的数据。如果再给这四块仪表排一下座次，那么排到第一位的是谁呢？地平仪当仁不让被排到第一位，因为它可以显示飞机的姿态，而飞机姿态的变化将会引起航向、高度、速度等变化，它是各种飞行参数变化的源头。地平仪于是被安装在驾驶员座位的正前方；在它的下方安装的是航道罗盘，指示着飞行的方向；地平仪的两侧分别装着空速表和高度表；这四块仪表排列成 T 字形，这种 T 形布局被绝大多数飞机所采用。

现代大型客机驾驶员座位的正前方是一块色彩明亮的显示屏，它被称为电子姿态指引仪或主飞行指引仪，这块屏幕由一条地平线将其分为上下两部分。地平线上部为蓝色，代表天空，地平线下部为黄色，代表大地，中心是一个代表飞机的图形。随着飞机姿态的改变，仪表上的地平线在相应改变，驾驶员一眼就可以看出飞机对地平线的相对姿态。在屏幕的边缘用数字或指针显示着飞机的空速、地速、高度、对着陆指令的偏离等数据。一块屏幕就取代了传统上所使用的地平仪、空速表、高度表等仪表。在电子姿态指引仪屏幕的下方或侧方安装着另一块电子显示屏幕，被称为电子水平状态指示器或导航显示器。在它的屏幕上也有一个飞机图形。这个飞机图形的机头对准屏幕上端的刻度，显示出飞机

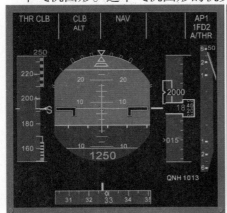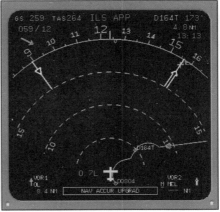

电子飞行仪表

的航向。在此屏幕上还可以显示飞机要飞的航路、地图、前方航路点的距离、风向、风速、时间等。如果接通机上的气象雷达，由气象雷达探测到的前方的气象和地形情况就会以彩色图像的形式按照距离标度显示在屏幕上，红色代表暴雨，黄色代表中雨，绿色代表小雨，粉色代表气流颠簸。这两大块显示屏，在正、副驾驶员面前各装有一套。这两块电子显示屏幕的功能超过了过去二十几块仪表功能的总和。

正、副驾驶员中间的仪表板上还安装有两块电子显示仪表，即发动机指示与机组警告系统。这两块仪表取代了过去数十块管理发动机的仪

表，把发动机的十几种参数如转速、排气温度、油量等全部用数字或指针形式显示出来。当飞机的某部分出现故障时，它还可以用文字形式向驾驶员报警并将故障记录下来，以备地面人员核查时使用。

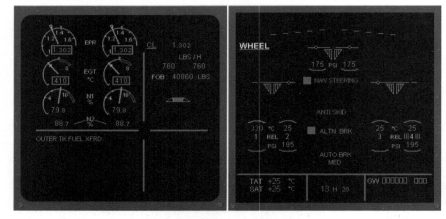

◀‖ 发动机参数显示 ‖▶

过去数以百计的飞行仪表，现在用这六块显示屏就都代替了。它们的优点是：不仅使驾驶员能一目了然，迅速、准确地全面掌握飞机飞行的状况，而且由于添加了新的飞机故障报警和记录功能，使驾驶员能及时采取措施应付已发生的故障，也使维修人员容易查找故障。因此，飞机因机械原因造成的故障大大减少，驾驶员因误读仪表而造成的飞行事故也大为减少。

陀螺仪 ▶▶▶

大家小时候都玩过陀螺。它有一个明显的特点，就是高速旋转后，能稳定地直立在地面不会倒下。这说明高速旋转的物体具有保持其自转轴方向不变的特性，根据这种特性研制出的能够测量旋转角位移和角速度的装

◀‖ 地转子 ‖▶

置，叫作陀螺仪。

陀螺仪在航空领域应用非常广泛，根据结构不同，有三自由度陀螺和二自由度陀螺两种，可以组成具有不同功能的航空仪表。

三自由度陀螺由转子、内框、外框组成，转子可以绕三个互相垂直的轴自由旋转，故称三自由度陀螺。转子是一个

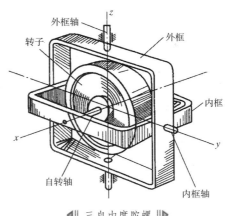

◀‖ 三自由度陀螺 ‖▶

对称的飞轮，可以高速旋转，其旋转轴叫自转轴，旋转角速度称为自转角速度，内框可以绕内框轴相对外框自由旋转，外框又可以绕外框轴相对支架自由转动。

三自由度陀螺有两个基本特性：

稳定性：三自由度陀螺具有保持其自转轴在空间的方向不发生变化的特性，即陀螺的稳定性。

进动性：当转子绕自转轴高速旋转时，若外力矩绕内框轴作用在陀螺上，则转子绕外框轴相对惯性空间转动；若外力矩绕外框轴作用在陀螺上，则转子还绕内框轴相对惯性空间转动。在陀螺上施加力矩，会引起陀螺转子相对惯性空间转动的特性，称为陀螺的进动性。

陀螺绕三个互相垂直的轴自由旋转运动是由其自转运动与牵连运动引起的，两种角运动互相作用的结果是产生陀螺力矩。即物体同时绕两个互不平行的轴旋转时，会产生陀螺力矩。陀螺力矩矢量垂直于两个转轴所组成的平面。陀螺力矩大小与动量矩和牵连角速度的乘积成正比。

二自由度陀螺只有转子和内框，且转子只能绕两个互相垂直的轴自由旋转，故称二自由度陀螺。

二自由度陀螺的运动规律和三自由度陀螺的运动规律有共同点。只

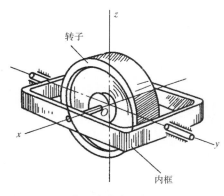

转子

z

x

y

内框

◀‖ 二自由度陀螺 ‖▶

要它们同时存在自转角速度和牵连角速度，都会产生陀螺力矩。

由于二自由度陀螺只有两个自由度，当它受到绕内框轴的冲量矩作用时，不能像三自由度陀螺那样绕外框轴旋转，因而也就不能借助于陀螺力矩使陀螺绕内、外框轴的转动互相影响而保持转子轴大方向。当基座转动时，由于陀螺力矩使陀螺绕内框轴进动，转子轴方位就要改变，不能保持原来方位。

利用陀螺仪的定轴性，可以测量飞机的姿态变化。把陀螺仪的支架和机身连在一起，其转子高速旋转时，旋转轴始终垂直于地面，将一个指针垂直固定在旋转轴上，当飞机姿态改变时，指针始终与地平线平行，测量飞机轴线与地平线之间的夹角，就可以知道飞机俯仰和倾斜情况，这种仪表就叫陀螺地平仪。

保持高度很重要 >>>

飞行高度是指从飞机到某一个指定基准面之间的垂直距离。根据所选基准面，飞行高度可分以下几种：

相对高度：飞机到机场跑道平面的垂直距离叫作相对高度。飞机起飞、降落时，必须知道相对高度。

真实高度：飞机到正下方地面的垂直距离叫作真实高度。在野外飞行特别是盲降着陆时，必须知道真实高度。

绝对高度：飞机到平均海平面的垂直距离叫作绝对高度。我国的平均海平面在青岛附近的黄海，它也是我国地理标高的"原点"。

标准气压高度：飞机到标准气压平面的垂直距离叫作标准气压高度。

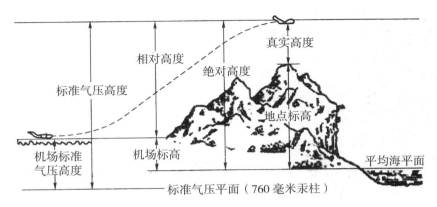

◀‖ 飞行高度示意图 ‖▶

标准气压平面是国际统一规定的气压基准面，其大气压为1013百帕。航线飞行时，统一采用标准气压高度，以避免两机相撞。不同的地点，标准气压高度不一定相同，其标准气压高度的基准面也不相同。

场压高度：以起飞或着陆机场的场面气压为基准面的气压高度，标准大气条件下，场压高度等于相对高度。当飞机停在跑道上时，高度表指示的场压高度应为零。

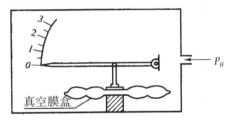

◀‖ 测高原理 ‖▶

修正海压高度：以修正海平面气压为基准面的气压高度，简称为海压高度或海压高。修正海平面气压是根据当时机场的场面气压和标高，按照标准大气条件推算出来的海平面气压值。在标准大气条件下，修正海压高度等于绝对高度。当飞机停在跑道上时，高度表指示的海压高应为机场标高。

气压式高度表是通过感受大气压力指示飞行高度的仪表。大家知道，地球周围的大气对物体存在着一定的压力，即大气压力。高度与气压存在对应关系，气压越小，高度越高。知道某处的气压，利用标准气压高

◀‖ 高度表 ‖▶

度公式，就可以计算出该处的标准气压高度。

气压式高度表的敏感元件是真空膜盒。从静压收集器来的静压（大气压力）作用在膜盒外，静压变化时，膜盒产生变形，膜盒的变形量经传送机构，带动指针转动，指示出相应的高度。

当气压等于 1013 百帕时，指示零高度。当飞机高度增加时，大气压力减小，膜盒膨胀，指针顺时针转动，高度值增加；当飞机高度降低时，膜盒被压缩，指针逆时针转动，高度值减小。只要刻度盘按标准气压高度计算公式进行刻度，就可以通过测量静压，准确指示出高度。

气压式高度表主要由感受、传送、指示和调整机构等部分组成。感受部分可采用多个真空膜盒串联，以增大膜盒形变量，提高仪表灵敏度。

传送部分由连杆、齿轮等组成，它把膜盒的变形传给指示部分。

指示部分由指针和刻度盘组成。

调整机构由气压调整旋钮、齿轮组、气压刻度盘等组成，调整机构可以选择高度基准面，以测量不同种类的高度。

为了维护空中交通秩序，保证飞行安全，规定飞机在起降过程中使用修正海压高度，航线飞行时使用标准气压高度。

起飞前，转动调整旋钮，使气压刻度指向修正海压，高度表指示机场标高。

飞行中，根据航行管制规定，在适当时候把气压刻度调整为标准气压，高度表指示标准气压高度。

着陆前，转动调整旋钮，使气压刻度指向修正海压，高度指针指示海压高度。着陆后，高度指针应指示机场标高。

怎样知道飞机有多快 >>>

　　空速表是测量飞机速度的仪表。空速是飞机相对于空气的运动速度，有真空速和指示空速。真空速是指飞机相对于空气运动的真实速度；指示空速是按海平面标准大气条件下动压与空速的关系而表示的速度值，又称为表速。

　　飞机飞行时，空气相对于飞机运动，在正对气流运动方向的飞机表面上，气流完全受阻滞，速度降低到零。这时，气流的动能全部转化成压力能和内能，使空气的温度升高、压力增大。在气流受到全阻滞时，速度降低到零处的压力，叫作全压或总压。全压包括两部分：一部分是由动能转变成的压力，称为动压；另一部分是气体未受扰动时本身实际具有的压力，称为静压，即大气压力。

　　飞机利用空速管来感受全压和静压，以便测量空速。

　　测量真空速的方法有两种：一是通过感受动压、静压和气温测量真空速；二是通过感受动压、静压测量真空速。

　　真空速表中有两个开口膜盒和一个真空膜盒。第一开口膜盒内部通全压，外部通静压，其变形大小由动压决定；第二开口膜盒与内装感温液体的感温器相连，其变形大小由气温决定；真空膜盒感受静压，变形大小由静压决定。真空膜盒和第二开口膜盒共同控制支点位置，改变传送比。

　　如果静压、气温不变而动压增大，则真空速增大，第一开口膜盒膨胀，通过传送机构，使指针转角增大。

　　如果动压、气温不变而静压减小，则真空速增大。真空膜盒膨胀

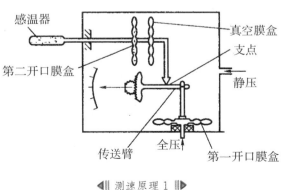

◀|| 测速原理1 ||▶

使支点向右移动，减小传送臂，增大传送比，指针转角也增大。

如果动压、静压不变而气温降低，则真空速减小。第二开口膜盒收缩使支点向左移动，减小传送比，指针转角减小。

指针转角随动压增大而增大，随静压减小而增大，随气温降低而减小，它们的关系符合空速与动压、静压、气温的关系，可以测量真空速。

在标准大气条件下，高度在 11 000 米以上时，由于气温不随高度变化，故空速只决定于动压和静压。高度在 11 000 米以下时，气温和静压具有一定的对应关系。

在标准大气条件下，由于温度和静压互相对应，因此可以通过感受动压、静压来测量真空速。

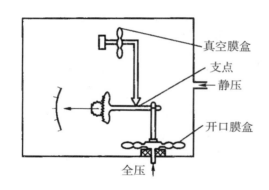

◀‖ 测速原理2 ‖▶

动压增大时，开口膜盒膨胀，使指针转角增大；静压减小时，真空膜盒膨胀，支点向右移动，传动比增大，也使指针转角增大。仪表的指示可以按照标准大气条件下真空速与动压、静压的关系，随动压、静压变化，指示出飞机的真空速。

这种真空速表没有感受气温的部分，真空膜盒不仅反映了静压，也反映了温度对真空速的影响，它的结构比较简单，使用较广泛。但是，当外界实

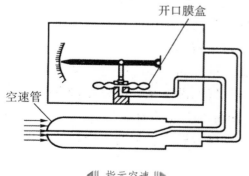

◀‖ 指示空速 ‖▶

◀‖ 空速表 ‖▶

际气温不等于标准气温时，将出现气温方法误差。

指示空速只与动压有关，仅测量动压就可以得到指示空速。

开口膜盒在动压的作用下产生变形，带动指针指示。指针的转角完全取决于动压的大小，即指示空速的大小。空速大，动压也大，仪表指示也越大；反之，指示小。指示空速表是根据海平面标准大气条件下，空速与动压的关系，利用开口膜盒测动压，从而表示指示空速。

指示空速虽然不等于真空速，但是它反映了动压的大小，即反映了飞行时作用在飞机上的空气动力情况，这对操纵飞机有重要作用。

指示空速表主要由开口膜盒、传送机构和指示部分组成。

空速表刻度盘上通常涂有颜色标记：白区表示提醒；绿区是正常工作范围；黄区为警戒速度；红色标线是极限速度，不能超过。在许多仪表表面都有类似的颜色提示，有利于安全飞行。

指南针 >>>

飞机的航向是指飞机的机头方向。航向角的大小用飞机纵轴的水平投影线（定位线）与地平面上某一基准线之间的夹角来度量，同时规定从基准线的正方向按顺时针至定位线的角度为正航向角。

根据基准线不同，航向分为真航向、磁航向、罗航向、陀螺航向和大圆航向。

真航向：真子午线（即地理经线）与飞机纵轴在水平面上的投影线的夹角。

磁航向：磁子午线（即地球磁经线）与飞机纵轴在水平面上的投影

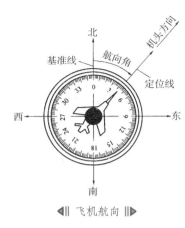

◀◀ 飞机航向 ▶▶

线的夹角。

因磁子午线与真子午线方向不一致而形成的偏差角称为磁差。规定磁子午线北端在真子午线北端东侧磁差为正，西侧为负。地球磁差随时间、地点不同而异，通常各地的磁差值在一年之内变化不超过10′。由于所有导航设备和跑道方向以及航图上的信息都是以磁航向为基准的，因此，磁北基准必须每隔几年更新一次。

罗航向：罗子午线与飞机纵轴在水平面上的投影线之间的夹角。机载磁罗盘不仅能感受到地球磁场，也能感受到飞机磁场。磁罗盘传感器测得的航向基准线实际上是地球磁场与飞机磁场两者形成的合成磁场水平分量方向，称为罗子午线或罗经线。

罗子午线与磁子午线之间形成的夹角称为罗差，规定罗子午线北端在磁子午线北端东侧时罗差为正，在西侧为负。

陀螺航向：利用三自由度陀螺在惯性空间具有的定轴性，制成陀螺罗盘，将陀螺自转轴置于水平位置，作为航向基准线，它所指示的航向称为陀螺航向。若把刻度盘0°线置于磁子午线上，所指航向为陀螺磁航向；若把刻度盘0°线置于真子午线上，所指航向为陀螺真航向。

大圆航向：通过地心的截面与地球表面相交的圆圈最大，称为大圆圈。飞机沿大圆圈线飞行的航向称为大圆航向。

磁罗盘是根据我们祖先的伟大发明——指南针的原理设计的，它利用自由旋转的磁条跟踪罗经线的特性来指示飞机的罗航向。磁罗盘的敏感元件是在水平面内可以自由旋转的磁条。磁条上固定着刻度环，0°～180°刻度线与磁条方向一致。航向标线固定在表壳上，代表飞机的纵轴。

飞机航向改变后，磁条始终稳定在罗经线方向，表壳随飞机一起转动。因此，航向标线在刻度盘上所指的角度，就是飞机纵轴与罗经线在水平面上的夹角，即罗航向。

磁罗盘主要由罗牌、罗盘油、外壳、航向标线和罗差修正器等组成。

为便于使用，磁罗盘一般安装在驾驶舱风挡玻璃的上部，机内磁场较大，罗差较大，需要定期校正。

飞机在俯仰、倾斜、盘旋、加速或减速时，飞机磁场和地球磁场的垂直分量将对磁罗盘产生影响，使指示出现误差，这些误差统称为飞行误差。飞机平飞后，这些误差会自行消除。

陀螺半罗盘，又称为陀螺航向仪，是利用三自由度陀螺稳定性工作的仪表。它可以测量飞机的转弯角度，经过校正，还可以指示飞机的航向。

陀螺半罗盘主要由三自由度陀螺、刻度盘、航向指标、水平修正器和方位修正器等组成。三自由度陀螺的外框轴与飞机的立轴平行。刻度盘固定在外框上，航向指标固定在表壳上，代表飞机纵轴。水平修正器的修正力矩作用于外框轴，使自转轴保持水平；方位修正器的修正力矩作用于内框轴，使自转轴能够跟踪选定的方位基准线。

当飞机转弯时，由于陀螺的稳定性，自转轴方位不变，刻度盘被陀螺稳定不动，而航向指标则随着飞机转动。因此，航向指标相对于刻度盘的转角，可以表示飞机的转弯角度。

由于陀螺自转轴不能自动跟踪经线，因此要测量航向就必须把自转轴校正并稳定在经线方向上，航向标线指示的角度便是航向角。

如果使用前将自转轴调整到起始点真经线方向，在使用过程中，水平修正器经常使自转轴保持水平，方位修正器经常使自转轴以适当的角速度在方位上进动，则半罗盘的自转轴始终稳定在飞机所在的真经线方向上，航向标线指示的航向便是真航向。

低速飞机在飞行时，驾驶员依靠观察地面的标志来辨别方向。一旦飞机升到云海之上或在海洋上空飞行时就找不到地面标志物了。借助我们祖先的伟大发明研制的磁罗盘就解决了这个问题。飞机上的磁罗盘（指南针）是经过改装的，叫作航向仪。因为飞机飞行速度很快，沿地球

◀▌ 航向指示器 ▐▶

表面飞行时，尽管乘客感受不到地球的弯曲弧度，但磁罗盘却会感应到这种变化。飞机沿着地表曲度不断变化着姿态，如果磁罗盘的运动赶不上这种变化速度，那么它所指的就是错误方向。为此在磁罗盘上还要附加一套陀螺，这样才能使磁罗盘一直保持与地面平行的姿态，为飞机指明正确的方向。这一整套装置叫航道罗盘。

姿态变化要平稳 》》》

飞机在空中飞行，与在地面运动的交通工具不同，它具有各种不同的飞行姿态，如仰头、低头、左倾斜、右倾斜等。飞行姿态决定着飞机的动向，既影响飞行高度，也影响飞行的方向。低速飞行时，驾驶员靠观察地面，根据地平线的位置可以判断出飞机的姿态。但由于驾驶员身体的姿态随飞机的姿态而变化，因此这种感觉并不可靠。例如当飞机转了一个很小角度的弯，机身倾斜得很厉害，驾驶员一时不能很快地调整好自己的平衡感觉，从而不能正确地判断地平线的位置，就可能导致飞机不能恢复到正确的飞行姿态上来。还有，飞机夜间在海上飞行，漆黑的天空与漆黑的大海同样都会闪烁着星光或亮光。在这茫茫黑夜中很难分辨哪里是天空，哪里是大海，稍有失误，很容易就把飞机开进海中。

为了飞行的安全，极有必要制作出一种能指示飞机飞行姿态的仪表。这块仪表必须具有这样一种性能——能够显示出一条不随着飞机的俯仰、倾斜而变动的地平线。在表上，这条线的上方即为天，下方即为地。天与地用不同的颜色予以区别，这种仪表就叫地平仪。

地平仪是利用三自由度陀螺仪的特性和摆的特性做成的陀螺仪表，用来测量飞机的姿态角。飞行员根据地平仪的指示，操纵飞机保持正确的姿态，确保飞行安全。特别是在云中或夜间飞行时，飞行员看不见地平线和地标，如不借助仪表，驾驶飞机就十分困难，甚至产生错觉，引发飞行事故。

飞机的姿态角是指俯仰角和倾斜角。俯仰角是飞机纵轴与地平面之间的夹角，即飞机绕横向水平轴转动的角度，上仰为正。飞机的倾斜角是飞机对称面与通过飞机纵轴的铅垂面之间的夹角，即飞机绕纵轴转动的角度。在飞机无俯仰时，倾斜角等于飞机横轴与地平面的夹角，右倾斜为正。

要测得飞机的姿态角，关键是在飞机上建立一个地平面或地垂线基准。摆具有对地垂线的方向选择性，但没有抵抗干扰的方向稳定性；陀螺具有抵抗干扰的方向稳定性，却没有对地垂线的方向选择性。把两者有机地结合起来，可以建立稳定的地垂线测量基准。利用摆的地垂性对陀螺进行修正，利用陀螺的稳定性建立稳定的人工地垂线，便可在飞机上建立一个精确而稳定的地垂线基准。

地平仪主要由三自由度陀螺、地垂修正器、指示机构和控制机构四部分组成，陀螺和地垂修正器是组成地平仪的核心部件。

当飞机平飞时，地平仪上的小飞机与人工地平线重合，表示飞机平飞。小飞机上升到人工地平线上面，表示飞机上仰。当飞机由平飞转为下俯时，人工地平线上升，小飞机下降到人工地平线下面，表示飞机下俯。

当飞机由平飞转向左倾斜时，小飞机和倾斜刻度盘相对安装在陀螺

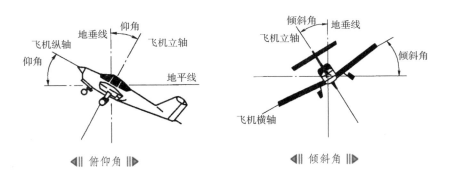

◀‖ 俯仰角 ‖▶　　　　◀‖ 倾斜角 ‖▶

两种直读地平仪

上的人工地平线和倾斜指标左转，表示飞机左倾斜。当飞机由平飞转向右倾斜时，小飞机和倾斜刻度盘相对人工地平线和倾斜指标右转，表示飞机右倾斜。

俯仰刻度盘安装在陀螺上，它的中线即人工地平线，每5°有一条刻度线，每10°刻有角度数；上部涂成天蓝色，下部涂成褐色，形象地代表天空和大地。倾斜刻度盘安装在表面上部，每小格代表10°，每大格代表30°。

飞机平飞时，小飞机和人工地平线重合。飞机上升（或下降）时，人工地平线下降（或上升），小飞机在俯仰刻度盘上指示的度数代表飞机的俯仰角。飞机向左（或右）倾斜时，人工地平线向右（或左）倾斜，倾斜指标在倾斜刻度盘上的读数代表飞机的倾斜角。

飞机的心脏监视仪 >>>

压力表是用来测量燃油压力、润滑油压力、螺旋桨扭矩及储压器压力等的仪表，由传感器和指示器两部分组成。

传感器用来将被测压力转变成电量，由压力敏感元件（膜片或膜盒）将位移转换成电阻。被测压力较大时用膜片，压力较小时则采用膜盒。

指示器的指针装在一个活动小磁铁上，磁铁的转动受两线框产生的合成磁场控制，而合成磁场又由流过两线框的电流比值决定。这种指示器的优点是不受电源影响。

传感器中的膜片受压力作用后产生位移，使电位器电阻改变，从而改变了指示器中的两线框电流的比值，使指针转动，在刻度盘上指示出相应的压力。

温度表是利用导体或半导体的电阻值随温度变化的特性制成的仪表，主要有发动机进气温度、润滑油温度、燃油温度、客舱温度、防冰加温设备的温度以及大气温度等。

温度表由传感器和指示器两部分组成，传感器一般采用电阻温度系数较稳定且在较高温度下不易氧化的镍丝（或铂丝）制成的热敏电阻。随着被测温度的升高（或降低），热敏电阻的阻值也将升高（或降低），这就把被测温度转变成了电阻值。

转速表是测量发动机曲轴、涡轮轴或直升机旋翼轴转速的仪表。根据转速表和进气压力表的指示，可以得到活塞式发动机的功率；根据转速表和排气温度表的指示，可以得到涡轮喷气发动机的推力。转速表有磁转速表和磁电式转速表等。

磁转速表由传感器和指示器组成。传感器是一个永磁式三相交流发电机，转子经传动机构直接由发动机曲轴或涡轮轴带动。三相交流电的频率与转子转速有关，即与发动机曲轴或涡轮轴转速成正比。指示器主要由同步电动机、涡流电磁转换器、指示部分等组成。

发动机工作时，传感器产生三相交流电，其频率与发动机曲轴或涡

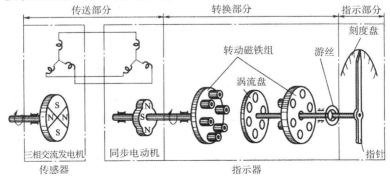

磁转速表原理图

轮轴转速成正比。三相交流电输送到指示器的同步电动机，使其转子同步旋转。同步电动机又带动转动磁铁组旋转，并使涡流盘产生涡流。涡流与磁场相互作用，产生电磁力矩，其大小与转动磁铁组的转速成正比。在涡流电磁力矩作用下，涡流盘随转动磁铁组同向转动。当这个力矩和游丝反作用力矩平衡时，涡流盘停止转动，涡流盘的转角与涡流电磁力矩成正比，即与发动机转速成正比。这时，指针在刻度盘上指示出发动机转速。

磁电式转速表主由导磁齿轮盘、磁电感应式传感器和指示器组成。导磁齿轮盘与发动机转轴相连接，传感器固定安装在导磁齿轮盘旁边。发动机工作时，带动齿轮盘转动。导磁齿间隔地闭合或断开传感器磁路，其磁阻周期性地交替变化，磁通量随之变化，从而在感应线圈上产生感应电动势，电动势的频率与转速和齿盘齿数成正比，在齿数一定时测量电动势的频率，即可测得转速。

油量表用来测量飞机的燃油、润滑油和液压油油量的仪表，并可在油量减少到一定量时发出剩油警告。常用的油量表有浮子式和电容式两种。

浮子式油量表是利用浮子把油箱液面高度转变成电量，从而测量油量的仪表。浮子式油量表主要由传感器、指示器和转换开关等组成。

由于飞机油箱的形状是一定的，因此，根据油箱液面高低就可以确定油箱油量。浮子用泡沫塑料或金属盒子做成，随液面高低而升降，并通过传动机构带动电刷移动，从而把油量转变成电量。

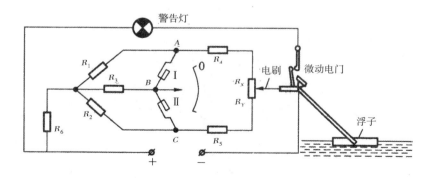

◀‖ 油量表原理图 ‖▶

指示器是一个动框式电流比值表，指针安装在两个活动线框上。若两线框电流比值发生变化，它们在磁场中所受电磁转矩就将发生变化，从而产生转动，其转角与电流比值成比例。

当飞机加油时，浮子随油面升高，电刷下移，使指示器A点电位升高，C点电位降低，I线框电流减小，II线框电流增大，动框在电磁力矩作用下向下转动，使指针指示出加油量。

飞行中，燃油消耗，油箱油量逐渐减少，浮子下降，电刷上移，A点电位下降，C点电位上升，I线框电流增大，II线框电流减小，动框向上转动，指针指示出剩油量。当剩油减少到一定量时，浮子带动微动电门接通剩油警告灯，提醒飞行员注意。

浮子式油量表的测量精度受飞行状态影响较大，检查油量要在平飞时进行。当剩油警告灯亮时，飞行员应结合飞行过程判断剩油状况。如果确认剩油不多，应立即报告地面指挥，并迅速做出正确处置。

电容式油量表是利用电容器把油量转变成电容量，从而测量油量的仪表。

电容式油量表的传感器是一种变介电常数式电容器，它由两只同心圆筒形极板组成。传感器插入油箱后，上部为空气介质，下部为燃油介质，它的电容量等于这两部分电容并联，即两者之和。

电容式油量表的指示是以某一种燃料在某一规定温度时的介电常数和密度为根据的。当温度改变或更换另一种燃料时，由于燃料的介电常数和密度改变，仪表指示会出现误差。温度改变引起的误差，叫作温度误差；更换燃料引起的误差，叫作换油误差。

为了减小温度误差，在油量表中安装了补偿传感器感受温度变化，对温度误差进行补偿。为了减小换油误差，通常在换油后检查指示器的"零"值和实际值（"满"值），并进行调整。

安装电容式油量表时，往往在一只油箱中装几个传感器，可以减小飞机俯仰、倾斜或加速度引起的误差。

五、在浩瀚的天空飞机会不会迷路

飞机在天空飞行需要一定的设备提供"方向感"，引导飞机从一个地方飞到目的地，我们把它叫作导航。

早期的目视导航 >>>

飞机在刚诞生的时候，飞行员基本靠纯目视，配合地图，寻找有特征的地形地物，来确认飞行的路线，即地标领航，这也是每个飞行员的必修科目。

地标领航就是靠观察地面并参照航图来进行领航。目视航图一般包含大量的信息，尤其是易于识别的地面特征，比如城镇、公路、河流、湖泊等。通过比照地面上的这些地理要素，飞行员就可以找到自己所在的位置，结合罗盘便可以确定正在飞向何处。

总的来说，早期飞行员驾驶飞机所用的导航方式和在陆地上远行的人区别不大。毕竟，当时飞机的飞行速度比较慢，还不如现在高速公路上的汽车快，航程也不远，第一次世界大战时的四发轰炸机也就 100 多千米的航程，既飞不到很远的距离，也飞不到大海的深处，所以原始的导航方式够用了。

遍布美国的箭头 >>>

1911 年 2 月 8 日，法国"索默"双翼飞机携带 6500 封信由印度的阿拉哈巴特到达 8 千米外的奈尼，实现了首次飞机运载邮件。1919 年 8 月 25 日，第一条由英国伦敦到法国巴黎的民用航线通航，所用的

◀‖ 导航箭头 ‖▶

DH-16 双翼机可载四名旅客。民用航空运输成为飞机最重要的应用领域而得到了快速发展。为了解决飞行员的导航问题，美国国会修建了遍布全美的巨型航空邮件飞行指路路标——导航箭头。每个箭头长达 21米，遍布整个美国的箭头为飞行员指明了方向。箭头被刷成明亮的黄色，每个箭头上都有一个 15.2 米的高塔。高塔顶端有一盏高亮度燃气灯，塔底有小屋供应燃气。由于采用了这种可以轻松辨认的设计，飞行员从16 千米外就可以看到箭头，每一个箭头都指向 4.8 千米外下一个箭头的位置。

随着技术的发展，飞机性能逐步提高，航程越来越远。对于陆地上飞行而言，依靠地图仍然能满足大部分的导航需求。但是跨洋飞行和深入荒漠的飞行就比较麻烦了。海上飞行当时采用的导航办法是天文导航和航路推算法，首次飞越大西洋的查尔斯·林白就是利用这种方法进行导航的。这种导航方式精度不高，受天气的影响比较大，十分容易发生事故，在当时长距离飞行还是很危险的。

　　与长距离导航相比，空中管制和机场附近的近距离导航问题更加严重。在第一次世界大战之前，天上的飞机是没有管理的，大家想怎么飞就怎么飞，随意跨国越境，机场的起降管理也很松散。毕竟那时候飞机很少，飞行速度很慢。但是当民用航空兴起以后，天空开始变得拥挤，机场附近的空域尤其混乱，所以需要有人负责指挥飞机飞到指定的位置，然后服从命令降落。20 世纪 20 年代，美国人想到的方法是摇旗子，也就是找一个人打旗语来指挥飞机的起降。起初摇旗手被布置在机场，之后被布置到更远的地方，从远距离开始引导飞机。因为旗语的目视范围比较近，后来又开始使用信号灯，也就是针对天空的大型灯塔。

　　20 世纪 30 年代，无线电技术开始成熟了。地面和空中的飞行员可以通过语言直接交流进行引导，并利用无线电信标发展出了航空无线电导航技术。无线电信标就像茫茫大海中的灯塔一样忠实地向周边的空间发射着无线电信号，飞机接收到这些信号后就可以知道导航台在哪里、飞机在导航台什么方位、飞机离导航台多远。利用多个无线电信标台发射的电波在天空中画出一条航路，飞机根据这些无线电信号就可以准确地在航路上飞行。

听音辨向 >>>

　　目前最常用的地面无线电导航设备有两种：一是中波导航台，即无方向信标，英文缩写为 NDB。在中波导航台系统中，导航台天线固定不动，飞机使用可以转动的环状天线接收信号，当测到电波最强的方向时，天线停止转动，于是就测出电台与飞机之间的方位。飞机按这个方向飞行，就能准确地飞到电台所在的位置。中波导航台准确性低且容易受到天气的影响，但价格便宜，设备结实耐用。全球约有 10000 余个信标台，其中美国航空与航海信标分别为 1800 个与 200 个。我国约有

◀‖ 导航台 ‖▶

各种信标台 600 个。中波导航台在中小型机场和发展中国家的多数机场
仍在广泛使用。二是甚高频全向信标台 VOR。甚高频电波直线传播，
不受天气影响，准确度高。VOR 的天线在发射时不停地转动，发射出
的信号随方向改变而改变。飞机收到 VOR 信号时，机上的仪表按照信
号的频率和强度变化自动指示出正北方向和飞机相对于发射台的方向。
VOR 的作用有效范围在 200 千米以内。通常在航路上每隔 150 千米左
右建立一个 VOR 台。飞机根据航空地图上标出的 VOR 台的位置， 就
可以在航路上顺利地飞行了。

测距定位 ≫

使用信标台导航时，驾驶员只能知道发射台的方向，但不能确定飞
机与发射台之间的距离。而测距仪（DME）系统可以测出飞机与 DME
地面导航台之间的距离，也就可以知道飞机的位置信息。DME 系统使
用 1000 兆赫左右的超高频，由飞机上的询问机和地面台站上的应答机
组成。飞机上的询问机向地面发出一对脉冲信号，这对脉冲之间的间隔
是随机的，不同飞机发出的信号是不同的。地面应答机接收到这对脉冲

信号后发回同样的一对脉冲信号。根据发出信号和收到返回信号所消耗的时间，就可以算出飞机与地面站之间的距离。测距仪可以测量出的距离最远可达500千米，误差仅为200米左右。在天空中飞行的各架飞机在询问时所发出的脉冲对的间隔不同，在接收时只接收自己所发出的脉冲信号。同时有几架飞机向地面站询问时，它们的信号彼此不会混淆。

飞越辽阔无人区的导航系统 >>>

为了保证地面交通的安全有序，人们修建了公路和铁路，在城市的街道上，交通部门在路上画出了机动车道、非机动车道以及人行道等，大家各行其道，才能保证交通畅通。在空中也是一样，利用VOR-DME系统的无线电波在天空中划出一条条的通道，这条空中通道就叫航路。飞机在航路上飞行，随时可以从仪表上得知自己的航向和位置，根据地面管制员的调度，一个接一个地按航路点飞行，直到飞完全程。VOR-DME导航系统极大地提高了空中的交通流量和飞行安全。现在这个系统成为世界上大部分地区主要的导航手段。

建设VOR-DME航路费用很高。不可能在地面上所有台站之间都建立起航路。一般只能在中心城市之间或中心城市到一般城市之间设立航路。如果飞机在两个没有航路的一般城市之间飞行，为了保证飞行安全，这时飞机不得不采取从一个城市沿着已有的航路飞到中心城市，再沿另一条航路飞往所要去的一般城市。这样飞行不但浪费了燃油和时间，又使航路变得拥挤。在飞机上应用了电子计算机以后，才解决了这个问题。从两个以上的VOR地面台站收到的信号经过飞机上的电子计算机处理后得出一条实际上没有地面台站的航线，在这条航线上设置出假想的航路点，飞机按照这条航线飞行，同样也可顺利抵达目的地。这种专门设计的计算机被称为航线计算机。飞机上配备了这种计算机后，就可以在能收到两个以上VOR地面台站所发出的信号的地方，按照计算机计算出来的航线飞行，这种方法叫区域导航。它把 VOR 的导航范围由几条航路扩展为一个平面，这个平面就是各个 VOR 导航台站无线电信号所能覆盖的整个平面。

VOR–DME 系统使用的甚高频和超高频电波是直线传播的，作用距离在 200 千米之内。在浩瀚的大洋或大面积的无人区中，是无法建造出一条航路的诸多 VOR 站的。为了满足远距离导航的需要，又开发出罗兰系统和欧米加系统。这两种系统使用了低频和甚低频的无线电波，作用距离都在 2500 千米以上。在地球表面只要建立起不多的这类台站，就可以为飞机飞越大洋或辽阔的无人区导航。这种导航的缺点是精确度不够高，而且需要功率非常强大的发射台。全球约有 VOR 台 2000 个，用户约 20 万；DME 用户约 9 万。我国一共建设有 176 套 VOR 和 DME 系统，是目前民用航空主要的无线电导航系统。

用于战斗机的塔康导航 >>>

塔康是战术空中导航系统（Tactical Air Navigation System）的简称。早期导航系统要想确定飞机的位置，需要使用两个或两个以上的地面导航台，并且定位精度很低。为了实现精确空中定位导航，1955 年，美国费得拉尔电信试验室根据美空军、海军的建议研制了一套军用战术导航系统。采用极坐标定位，能在一种设备、一个频道上同时测向和测距，作用距离为 400 ~ 500 千米，能同时测定地面台相对飞机的方位角和距离。

塔康是一个极坐标无线电空中导航系统，工作频率为 962 ~ 1213 兆赫的特高频（UHF）。每间隔 1 兆赫划分为一个频道，共有 126 个分立频道，地面台与机载设备采用不同的发射频率。飞机通过向地面信标台发出询问信号，得到回复后通过计算得出飞机与信标台间的距离，还可以通过探测信标台发出的无线电波形，得出飞机相对于信标台的准确位置。

从飞机上每秒发射 30 对、间隔为 12 微秒的询问脉冲对，地面台收到询问脉冲对后发射同样间隔的回答脉冲对。在飞机上把收到回答脉冲对的时间与询问脉冲对的时间相比较，得出脉冲电波在空间传播的时间，从而得到飞机到地面台的距离，并加以显示。

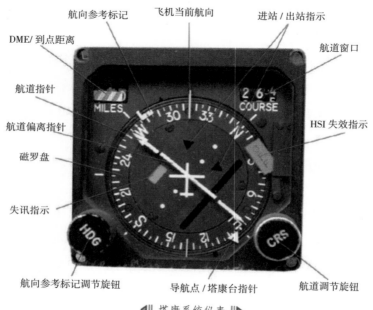

◀|| 塔康系统仪表 ||▶

地面台天线发射电波的方向图呈现有 9 个波瓣的心脏形，并以 900转 / 分的速度转动。飞机接收到的脉冲信号是调幅形式的，这一调幅包络包括由旋转心脏形方向图产生的 15 赫兹方位信号和由 9 个波瓣旋转产生的 135 赫兹方位信号，这两个信号的相位与地面台相对飞机的空间方位有关。为测定相位需要有基准信号，因此当心脏形方向图转过正东方向时，发射一组由 12 个脉冲对组成的基准脉冲信号，当 8 个波瓣中每一个的最大值转过正东方向时，还发射一组由 6 对脉冲组成的辅助基准脉冲信号。比较 15 赫兹方位信号和基准脉冲信号的相位，得到地面台相对飞机的粗略方位。比较 135 赫兹方位信号和辅助基准脉冲信号的相位即得到地面台相对飞机精确的方位值。

塔康系统采用了多瓣技术，在系统中有精测通道，测向精度比 VOR 系统高，且地面台可以机动转移，在复杂地形和战时布台很方便，所以称为"战术空中导航系统"。

何为"盲降" >>>

盲降系统是仪表着陆系统 (ILS) 的俗称。"盲降"并非字面意思"闭着眼睛降"或"盲目降落"。指的是飞行员在肉眼无法看清机场跑道的情况下，利用地面导航台与机载设备，通过自动驾驶仪完成对准跑道及后续着陆等行为，可理解为"不依赖眼睛降落"，所以称为"盲降"。

ILS 地面站发射两束无线电信号实现航向道和下滑道指引，建立一条由跑道指向空中的虚拟路径，飞机通过机载接收设备，确定自身与该路径的相对位置，使飞机沿正确方向飞向跑道并且平稳下降，最终实现安全着陆。

ILS 系统由一个甚高频（VHF）航向信标台、一个特高频（UHF）下滑信标台和若干个甚高频（VHF）指点标组成。航向信标台给出与跑道中心线对准的航向面，下滑信标给出仰角 2.5° ~ 3.5° 的下滑面，这两个面的交线即 ILS 系统给出的飞机进近着陆的准确路线。指点标沿进近路线提供键控校准点，即距离跑道入口一定距离处的高度校验，以及距离入口的距离。飞机从建立盲降到最后着陆阶段，若飞机低于盲降提供的下滑线，盲降系统就会发出告警。

航向信标工作频率为 108.10 ~ 111.95 兆赫，共有 40 个波道。航向台位于跑道进近方向的远端，波束为角度很小的扇形，提供飞机相对于跑道的航向道 (水平位置) 指引。下滑信标工作频率为 329.15 ~ 335 兆赫，共有 40 个波道。下滑台位于跑道入口端一侧，通过仰角为 3° 左右的波束，提供飞机相对跑道入口的下滑道（垂直位置）指引。指点信标工作频率为75兆赫，指点标距离跑道从远到近分别为外指点标、中指点标和内指点标，提供飞机相对跑道入口的粗略的距离信息，通常表示飞机在依次飞过这些信标台时，分别到达最终进近定位点、Ⅰ类运行的决断高度、Ⅱ类运行的决断高度。

根据国际民航组织规定，ILS系统分为Ⅰ类、Ⅱ类和Ⅲ类。

Ⅰ类盲降：在前方能见度不低于800米或跑道视程不小于550米的条件下，以高的进场成功概率，能将飞机引导至60米的决断高度（中指点标上空）。

Ⅱ类盲降：在前方能见度不低于400米或跑道视程不小于350米的条件下，以高的进场成功概率，能将飞机引导至30米的决断高度（内指点标上空）。

Ⅲa类盲降：没有决断高度限制，在跑道视距不小于200米的条件下，着陆的最后阶段凭外界目视参考，引导飞机至跑道表面，因此又叫"看着着陆"。

Ⅲb类盲降：没有决断高度限制和不依赖外界目视参考，一直到跑道表面，并在跑道视距50米的条件下，凭外界目视参考滑行，因此又叫"看着滑行"。

Ⅲc类盲降：无决断高度限制，不依靠外界目视参考，能沿着跑道表面着陆和滑行。

1958年，中国民航局开始组织研制《安全58型》航向和下滑设备，这是中国民航仪表着陆系统发展的开端。1964年，为适应国际航班通航上海的需要，一套按国际民航组织的标准改制的《安全58-1型》设备安装在上海虹桥机场，为巴基斯坦航空公司开通卡拉奇—上海国际航班提供服务。1975年，中国民航局从英国PLESSEY公司引进了7套STAN37/38型仪表着陆系统，分别安装在北京、上海、广州、杭州、乌鲁木齐。1981 年，民航开始引进美国 WILCOX 公司的 MARK II 型设备，先后安装在沈阳、成都、长沙、西安、厦门、青岛等 20 多个机场，使这些机场的导航保障能力有较大提高。1989 年，中国民航局航行司决定参照香港启德机场模式采用仪表引导系统，配置德国 SEL 公司生产的仪表着陆系统设备。1990 年，中国民航局开始在国内部分机场新建或更新 ILS；1992 年，选购挪威一家公司的 3500 系列设备先后完成上海、南昌、杭州等机场共 26 套仪表着陆系统的建设或更新。截至 2007 年年底，全国民航共有仪表着陆系统设备 193 套，国内绝大部分有航班飞行的机场，都配置了仪表着陆系统。

被击落的大韩 007 号航班 >>>

1982 年，大韩航空 007 号班机，从美国纽约肯尼迪国际机场起飞前往韩国首都金浦国际机场，这架波音 747-200 飞机在飞行过程中误入当时的苏联领空，被苏联空军 Su-15 拦截机击落于库页岛西南方的公海，机上的 240 名乘客以及 29 名机组人员全部遇难。

1983 年底，联合国的一个独立调查小组根据已有的证据进行调查，提出飞机严重偏离航向的原因可能是起飞时副机长错误输入坐标导致飞机偏航；另外一个可能原因是飞机起飞后机长忘记将磁航向 (HDG) 模式更改为惯性导航系统 (INS) 模式。

苏联解体后，俄罗斯公开承认拥有大韩航空 007 号航班的黑匣子，并于 1992 年将其归还给韩国。国际民航组织经过新一轮的独立调查后在 1993 年提出最终报告。

调查小组发现，大韩航空 007 号航班从起飞到被击落，一直使用磁航向 (HDG) 模式作为自动驾驶的导航。也就是说，客机起飞后机长并没有执行标准飞行模式，将磁航向 (HDG) 模式更改为惯性导航系统 (INS) 模式，这是导致大韩航空 007 号航班偏航进入苏联领空的原因。大韩航空 007 号航班机长的大意造成偏航，加上苏联战斗机驾驶员对形势的错误判断，直接导致空难的发生。

亚当 574 号空难 >>>

2007 年 1 月 1 日 12 时 59 分，印度尼西亚的亚当航空 574 号班机在印度尼西亚爪哇岛泗水起飞，预定飞往苏拉威西岛万鸦老，途中坠毁，机上 96 名乘客无人生还。

这次事故的主因便是导航设备故障。该机预计在当地时间 16 时整抵达万鸦老萨姆·拉图兰吉机场。但当地时间 14 时 53 分，飞机从苏拉威西岛南部的马卡萨航空交通管制的雷达屏幕上消失。而新加坡的探测卫星则探测到飞机最后的飞行高度位于 10670 米。该地区当时有暴风雨，泗水机场曾给予警告，要求机组注意有关天气情况。这架飞机于苏拉威西岛西部的望加锡海峡遇上时速达每小时 70 千米的侧风，并在那里改变航向向东，然后失去了联系。在最后的通话记录中，飞行员报告说，侧风来自左方，但航空交通管制声称风应该从右方而来。直到现在还不清楚这是否是事故原因，但它可能表明导航错误。

印度尼西亚国家运输安全局与美国国家运输安全委员会的调查裁定，飞机失事主因是机上的导航设备发生故障，导致其后飞行员一连串的判决失误。当飞机于 10 668 米巡航时，飞行员开始专注于处理机上的惯性导航系统故障。该仪器故障导致飞机偏离航道，机长解除自动驾驶系统，但解除自动驾驶系统却导致飞机的人工地平线短暂停止运作，飞行员未能及时发现飞机缓慢右转，令飞机倾侧角度过大并令机上警报响起。尽管倾侧角度达到 100°，机鼻朝下达 60°，飞行员依然没有发现异常，因此没有及时修正机翼平衡及尝试重新控制客机。至于飞行员未能及时发现飞机飞行姿态出现问题的原因，可能是他们专注于解决仪器故障，而且当时天气恶劣，有暴风雨及雷暴，令飞行员没法留意机外环境去判断飞机当时的飞行姿态。这架飞机在通话中断时，向下俯冲的速度达到接近音速的 490 节，超过了飞机的最高俯冲速度（400 节）。最后飞机在黑匣子记录结束前 20 秒，终于承受不了设计上限，在坠海前解体，当时的调查结论是飞机已处于一个"无法恢复的严重状态"。

调查还发现，机上的惯性导航系统的问题一直存在。虽然飞行员多次反映，可是亚当航空并未跟进解决。结果出事时，飞机的自动驾驶系统依据惯性导航系统给予错误信息，导致飞机严重偏离航道。调查员还发现，出事的亚当航空的正、副机长在处理 574 号班机的问题上，都有明显的失误。从接受调查的一些在职机师口中得知，航空公司并没有提供相关的应对事故训练。在当时，短短数年间包括亚当航空在内的数十家廉价航空公司在印度尼西亚成立。这些航空公司为求降低成本，除了不提供免费餐饮、引进机龄老旧的飞机，更连飞行员训练也省掉了，直接导致 574 号班机的驾驶员在应付飞机一连串问题时，接连失误。

在废弃机场成功迫降的传奇机组"2603 号" >>>

1988 年 7 月 11 日，新疆航空公司 TU-154M 型 2603 号飞行机组在执行"乌鲁木齐—广州—上海"航班任务，机上满载 162 名中外旅客及 11 名机组人员。飞机进入湖北、安徽、江西三省交界区域时，进入雷雨区，飞机作机动飞行，离开正常航路绕飞，很不幸的是，居然迷路啦！开始机组也不在意，继续绕吧，结果越绕下去越紧张，油量也开始报警。那个年代，雷达设备还不发达，地面指挥了解空中飞机位置主要靠飞行员报告。

飞行员在利用导航系统无果之后，决定自救，开始降低飞行高度找地标。功夫不负有心人，经过与地面人员配合，终于让地面明白飞机的较确切方位，地面引导给出航向、距离等指令指挥飞机飞向南昌机场。但机组这时意外发现附近有一简易机场，考虑到再飞往南昌油量很紧张，于是认准底下这个机场，准备降落。

机组看到的是"十里堡机场"，这座机场已于 1972 年废弃，跑道长 1250 米，宽 50 米，砂石土质结构，净空条件差，跑道南端为庐山，山峰起伏，北端为九江市，工厂、居民楼林立；水塔、高压线柱子立在跑道延长线上，机场南面为水稻梯田，北面为菜地，地形复杂，只能单向起落。所幸飞行员技术高超，在如此环境复杂、能见度差的情况下，完全没有地面设备辅助，成功迫降十里堡机场，162 名中外旅客及 11 名机组人员全部安全脱险。

◀‖ 2603 号飞机 ‖▶

事后调查报告显示，飞机迫降时在跑道北端 270 米处正常接地，向南冲出跑道 127 米，冲过一条深 0.35 米、宽 0.4 米的明沟后，又冲过一个直径 0.7 米、深 0.5 米的土坑，冲开三道田埂，其中一条高 1.1 米，停住时，前轮呈 37° 向左停在第三块稻田中，主轮冲开两道田埂，骑在第三条田埂上，陷入泥中约 0.7 米，致使飞机趴在田里，机翼离田埂只有 0.5 米高，绝大多数旅客是从机翼撤离的。

虽然安全降落，但飞机不能永远停在这个破旧机场。当时，民航局工作组、工程师、苏联专家聚集在"十里堡机场"，对飞机的检查结论是：飞机迫降时属正常接地，不存在重着陆，对机身及机翼无结构性损伤，主要问题存在于起落装置及第1、3号发动机低压压气机一级工作叶片。综合当时的情况，专家组初步制定两种解决方案：第一就地修复飞机，飞回去。第二就地拆解运回。当时世界上还没有喷气式客机在这样短的土跑道上成功起飞的先例，所以苏联专家认为在这个机场上想把2603飞回去是不可能的。

然而，当时的新疆航空飞行大队长王祥春向民航局提出"让我把2603飞回去，请批准我组建机组"的请求。综合各种因素，民航局决定积极修好飞机，先飞至空军马回岭机场，然后返回乌鲁木齐。

9月8日，2603号客机在王祥春机组的驾驶下从一条只有1250米的土质跑道上准备起飞转场。9时46分，机组报告："2603准备完毕，请求起飞。"指挥台："有一点顺风，请等一下。"9时49分，机组再次请求，指挥台回复："请再稍等。"9时51分，机组第三次请求起飞，指挥台："2603可以起飞，风向不定，1米/秒至2米/秒，温度27℃。"机组随即将三台发动机功率加到最大，松刹车，飞机在土跑道上像风浪中的小船一样，颠簸跳跃着奔向跑道尽头，飞机在滑跑740米后离开地面，展翅飞向蓝天，收起落架，保持有利速度，完成了整个起飞动作。10分钟后，2603顺利降落空军马回岭机场。9月10日13时05分，2603号从空军马回岭机场腾空而起直飞乌鲁木齐，18时33分安全降落在它离开整整两个月的地窝堡国际机场。

仍未解开的 MH370 空难之谜 >>>

2014年3月8日0时42分，MH370航班在马来西亚吉隆坡国际机场起飞，计划于6时30分在北京首都国际机场降落，机上载有227名乘客（其中中国大陆153人，中国台湾1人），机组人员12名。1时20分，MH370航班在马来西亚和越南的交界处与胡志明管控区失去联系，且并未收到失踪飞机的求救信号。

2014 年 10 月 10 日，澳大利亚交通安全局发布的马航 MH370 的中期报告确认，MH370 航班可能因为燃油耗尽在印度洋上方低速盘旋后最终坠入大海。

2015 年 1 月 29 日，马来西亚民航局宣布，马航 MH370 航班失事，并推定机上所有 239 名乘客和机组人员已遇难。3 月 8 日，马来西亚民航局发布了 584 页的中期报告。7 月 29 日在位于印度洋上的法属留尼汪岛发现的飞机残骸，确认属于马航 MH370 客机，在失踪了 500 多个昼夜之后，MH370 航班的残骸首次被发现。

2016 年 6 月，马航 MH370 搜索人员公布了在马达加斯加海岸找到的一些可能属于机上遇难人员的个人物品，并希望家属前来认领。8 月，马来西亚官方首次承认，MH370 航班的机长扎哈里·艾哈迈德·沙阿曾在自己家中模拟飞行过与这架客机疑似坠入南印度洋相似的路线。9 月，在非洲坦桑尼亚海滩发现的大块飞机碎片，证实是马航 MH370 客机残骸之一。11 月 2 日，澳大利亚交通安全局发布有关 MH370 搜寻的最新报告，称在飞机坠入海中时，处于无人控制的状态。

2018 年 5 月 29 日，美国"海洋无限"勘探公司对马航 MH370 客机的搜寻工作结束。7 月 30 日，马来西亚政府向 MH370 失联者家属公布最新报告，报告共计 822 页。

2018 年 11 月 30 日，马航 MH370 航班在印度洋上消失后的第 1728 天，马来西亚 MH370 事故调查团队正式解散。马来西亚航空器事故调查局将会接管 MH370 调查的所有工作。马航代表表示，他们保证调查工作还会正常继续下去。

MH370 失踪之谜仍未解开……

六、飞行员是如何与地面联系的

飞行员在飞行中需要经常与地面管制员取得联系，了解飞行空域的基本情况，这也是保证飞行安全的重要手段。目前，空地通信以无线电为主，随着民航业的快速发展，运营的飞机数量越来越多，无线电通信也越来越繁忙，因通信问题引发的不安全事件也时有发生。

空地之间的语音交流 >>>

航空通信是随着常规通信技术的发展而发展的，开始人们直接把地面的通信方式移植到航空器上，并根据航空的特殊环境条件进行适应性改进。航空通信首先是从空地通信开始的。最初使用的方式包括灯光、旗帜、标记，甚至篝火，这些基本上是单向的，只能给飞行员提供最简单的信息。后来有了莫尔斯码电报，在飞机上配备了专门的收发报员，虽然不能完全实时通信，但毕竟可以进行双向交流了。

电台搬上飞机后，才真正开启了可靠实用的空地通信，电台也成了必不可少的机载设备，一直沿用至今。根据所使用的频段不同，有甚高频和高频两种。

甚高频通信系统（VHF）是飞机与地面、飞机与飞机之间进行双向话音和数据通信联络的设备。飞行员选择一个与地面台站一致的工作频率后，即可进行发射和接收。甚高频通信系统采用调幅方式，工作频率范围为118.000 ~ 151.975兆赫，频道间隔25千赫，可设置720个频道由飞机和地面台站选用，其中121.500兆赫为遇难呼救的全球统一频道，

121.600～121.925 兆赫则主要用于地面管制。

甚高频无线信号以直达波的形式在视距内传播,因此通信距离较近,而且受飞行高度的影响。例如,当飞行高度为 3000 米时,通信距离为 228 千米;飞行高度为 300 米,通信距离仅为 74 千米。甚高频通信频率高,表面波衰减很快,传播距离较近,通信距离限制在视线距离内,以空间波传播方式为主;电波受对流层的影响大,受地形、地物的影响也很大。

VHF 是民航飞机最常用的通信工具,主要用在飞机起飞、降落或通过管制空域时机组人员和地面管制人员的双向语音通话。起飞和降落阶段是驾驶员处理问题最繁忙的时期,也是飞行中最容易发生事故的时间,因此必须保证甚高频通信的高度可靠,所以民航飞机上一般都装有一套以上的备用系统。

VHF 由收发机、控制盒和天线三部分组成。收发机提供稳定的基准频率,信号调制到载波后,通过天线发射出去。接收机从天线上收到信号后,经过放大、检波、静噪处理变成音频信号,输入到驾驶员的耳机。控制盒用来选择工作频率和工作状态。天线一般安装在机腹和机背上,常用的是刀形天线。天线通过同轴电缆与收发组件相连。天线受潮或者绝缘不良会使发射机输出功率降低,通信距离缩短。

高频通信系统(HF)是一种飞机与地面、飞机与飞机之间的远程通信设备,采用地球表面和电离层之间的信号反射进行通信。HF 工作在短波波段,工作频率 2～29.999 兆赫,频道间隔为 1 千赫兹,因通信质量不高,一般作为备份系统使用。大型飞机一般装有两套高频通信系统,使用单边带通信,这样可以大大压缩所占用的频带,节省发射功率。

高频通信系统由收发机组、天线耦合器、控制盒和天线组成。收发机用于单边带语音和数据通信;天线耦合器确保天线阻抗与传输线阻抗在 2～4 秒内相匹配;控制盒用于选择工作频率和工作状态;天线用于发射和接收射频信号。

随着无线电技术的发展，航空通信设备的性能不断提高，但是，地空通信特别是高频通信仍然面临着非常大的挑战。由于通信频率资源紧张，又受到原有模拟调制技术的限制，在一些飞行繁忙地区，地空通信系统处理能力逐渐接近饱和。以欧洲地区为例，2011 年以来，欧洲地区的飞行量以每年 3% 的速度增长。2007 年，欧洲已将 VHF 通信频率间隔从 25 千赫兹 缩小到 8.33 千赫兹，但以这种增长速度，地空通信系统仍将面临非常大的压力。同时航空系统运行方式的改变，也对航空通信提出了新的需求。

选择呼叫系统是为了提高空地通信效率而设计的。空中有许多架飞机，到底要和谁通话？谁来回答地面的询问？为此设计了选择呼叫系统。当地面呼叫一架飞机时，飞机上的选择呼叫系统以灯光和音响通知机组有人呼叫，从而进行联络，避免了驾驶员长时间等候呼叫而造成的疲劳。为此，每架飞机上设定一个特定的四位字母代码，机上的通信系统都调在指定的频率上，地面的高频或甚高频系统发出包含着这个代码的呼叫脉冲，飞机收到这个呼叫信号后输入译码器，如果呼叫的代码与飞机代码相符，则译码器把驾驶舱信号灯和音响接通，通知驾驶员进行通话。

语言不清引发的飞机事故 >>>

为了开展国际航空通信业务，《国际民用航空公约》附件《航空通信》对航空通信的定义、设备和规格、使用的无线电频率、电报的分类、缓急次序、标准格式、用语和处理手续等，都有统一的规定或具体的建议。国际间的航空通信业务一般使用英语。中国的航空通信业务，国内通信采用汉语标准电码，国际通信使用国际民用航空组织规定的英语标准用语和简语、缩语。电报的格式分为固定格式和非固定格式两种。使用专用的固定格式电报是为了缩减电文，便利传递。此外，对国际航空通信业务中的简语和简字，国际民用航空组织编写了《国际民航组织简语简字》，其中有简字、发射特性指示码、信号报告代码、航行通告代码和航空通信简语等。在实际飞行过程中，通信用语必须简洁而准确，否则就会出现意想不到的问题。

1977年3月27日，荷航4805航班与泛美1736航班两架波音747飞机发生跑道撞机事故。当时机场有大雾，塔台无法看到这两家航空公司的航班，机组也无法看到对方航班的状态。塔台批准了荷航4805航班请求滑行的呼叫，也准许了泛美航空1736航班跟随前面的荷航4805航班在主跑道上滑行，并指示他们在C3滑行道处转弯离开主跑道。荷航4805航班请求在30号跑道起点附近进行180°调头并得到了塔台许可。在抵达该跑道起点后，荷航副驾驶用无线电呼叫塔台请求起飞，塔台没听清楚副驾驶浓厚的荷兰口音英文到底是说"我们在起飞点（we are at take off）"还是"我们正在起飞（we are taking off）"，就回答"好的，待命起飞，我会通知你"。不料，无线电通话的后半段正好被泛美航空机长汇报"我们还在跑道上滑行"的信号覆盖，致使荷航机组只听到塔台说的"好的"，却没有听到后半段。不久，泛美航空机长因为飞机不能转入C3滑行道已经错过道口，且正在他们快要接近C4滑行道道口时，机组突然注意到跑道远方的荷航4805航班正高速冲向他们。等到双方都发现对方之后，在高速滑跑的状态下，机组采取的任何措施都于事无补。

1990年，某航空公司的B707飞机由于燃料耗尽、沟通不良等原因，坠毁于纽约长岛。生还者只有85名，其余的73名乘客及机组人员罹难。事后查明失事的原因之一是，飞机在接近目的地——纽约肯尼迪国际机场时，由于天气原因，管制员指挥飞机进入等待航线，但是飞机没有足够的燃油去等待，母语为西班牙语的机长发出不明确的"need for priority（请求着陆优先权）"而不是"an emergency（紧急情况）"的通话，这样，纽约管制员不认为飞机处于紧急状态，也就未发出指令让其优先着陆。飞机最后燃油用尽，在机场附近坠毁。

从以上事故不难看出，飞行员和管制员使用口语化的、意思不清晰的语句，是酿成事故的一大原因。事实上，飞行员和管制员在学校进行专业理论知识学习时，就会接触到无线电通话的相关知识，学习一套飞行中无线电通信的标准化用语。国际民航组织和我国民航局都有相关规定与文件，对实施陆空通话的用语进行详细的规范与说明。无论是飞行员还是管制员，在通话过程中都要严格按照规定的格式使用标准化的用语。如果过多地使用口语化的语句，可能造成双方在沟通时的理解偏差，对飞机的安全运行非常不利。

除了标准化外，陆空通信用语还必须简洁。无线电通信的语言具有高度的专业性和单一性，很多单词和语句属于半人造词句，甚至是强制规定的用法。从日常生活和语法的角度来说，陆空通信的语句往往并不符合语法逻辑，但它在民航内部却有公认的和唯一的明确含义。在使用过程中，无论是飞行员还是管制员，均要求简洁明了、言简意赅。现在各大机场、管制单位区域里的飞机数量都很多，无线电通信非常繁忙，管制员的工作负荷巨大，飞行员有义务以标准简洁的语句，清晰地表达自己意图。对于管制员发出的指令，飞行员必须完整地进行重复。如果不能确定对方的意图，尤其是在母语非英语的国家或口音较重的情况下，必须让对方重复。

做好陆空通信，是保障飞行安全的基本要素。因此，飞行员首先要做好对频率的监控和管理。在无线电通信中，做好对高频、甚高频频率的监控和管理是做好陆空通信的第一要务。现代飞机采用的甚高频频率大多为6位数字，最后一位的0和5比较容易调错。一旦最后一位数字调节错误，虽然由于波道间隔小，在近距离通信中完全不受影响，但是随着飞行距离的变化，错误频率的信号将大大减弱直至完全收不到，可能出现失去联系的情况。因此，按照规定，飞行员除利用第二部无线电设备收听航行通播、联系服务事宜外，其他时间应一律调至 121.5 千赫波道作为应急频率。一旦因第一部无线电设备出现故障或频率错误等原因失去联系，可及时通过 121.5 千赫波道建立飞行员与管制员的联系。

管制员的指令通过无线电传到飞行员的耳中，经过大脑和神经系统的处理，再转化为飞行员执行指令的具体动作。在这一过程中，可能出现一些容易被忽视的错误。

1995 年，国内某航班飞沈阳—合肥航线，由徐州方向进入合肥管制区域数分钟后，飞行员请求离开 4500 米下降高度。管制员指挥："北方：6317，在合肥以北 6 千米处开始下降高度，（到达）700 米报告，因军方飞行活动限制。"由于在很多北方地区的方言中，"以北"和"一百"发音很相近，易混淆，管制员又带地方口音，导致飞行员把"以北 6 千米"误听为"一百六千米"，提前了整整 100 千米下降高度。幸亏管制员在雷达上及时发现，并立即制止，否则后果不堪设想。因此，在陆空通信结束后，操纵飞行员在执行动作时，必须经过监控飞行员的证实，在双方确认无误的情况下，再执行指令。

飞行员在陆空通信中养成良好的通信习惯，是减轻飞行压力、降低安全风险的有效方法。在实际飞行中，飞行员要以虚心学习的态度，善于发现和总结通信过程中出现的问题。一些不太好的通信习惯，如通话不报航班号、在其他机组与管制员对话时插话甚至抢话、不负责通信的机组成员抢先去调频率、复诵指令不够简洁等，容易造成机组和管制员精力的浪费，占用无线电波道的时间延长，对自己和其他飞机均会造成一定的不利影响。

发短信比通话好 >>>

在地空通信系统中，高频通信系统发送距离长，可用于远程跨洋航线。但是高频通信质量较差，经常出现飞行员无法呼叫到指定频率的情况。甚高频通信质量好，但通信距离受限。数据链系统是一种直接交换文字信息的系统，能够将管制员的指令和飞行员的各种报告、申请，以文字短信的形式发给对方，并可以针对短信的内容做出不同的回应。其最大优点是飞行员和管制员之间的通信完全不需要语音设备，避免出现语音通信相互干扰、没有信号、口语化等问题。

飞机通讯寻址和报告系统（ACARS）是一种新型空地数据通信系统，具有提高地面与机组通信的准确性、促进资料和数据在航空公司内部共享、增加信息量、降低成本等诸多优点。利用 ACARS 系统，飞机可发送信息到地面台；地面台也可发送数字信息到飞机。重要的是，当地面台把信息传送到信息中心后，信息中心便可以把信息传送到航空公司的维护部门、飞行管理部门、旅客服务部门等与航班相关的各个环节，实现信息共享。

飞行员如果想通知地面飞行管理部门航班延误信息，可利用机载通信管理装置输入航班延误时间和延误的原因，通过 ACARS 系统即可将飞机注册号、离港机场和目的地机场的代码、预达时间等信息传送出去。

地面台接收到全部信息后，将信息再传送到地面的主计算机系统。地面数据网络系统同时把信息从地面台传送到数据链处理器，它根据包含在信息内的识别码和地址码再传送信息到各个航空公司或者其他目的地。这个识别码和地址码用于识别每架飞机的注册号以及飞机所属的航空公司。

航空公司的计算机系统和全球数据中心处理数据的过程还包括：重新确定信息格式，填充数据库，为以后进行数据分析打基础。信息同时也传送到飞行管理、维护、工程、财务部门或者其他航空公司。以延误信息为例，信息可以通过航空公司内部的网络在两个管理部门之间传送，同时也可传送到飞机的目的地机场，通报飞机延误的消息。飞行员从按压发送键到信息传输到航空公司计算机系统进行处理，一般需要 6 ~ 15 秒的时间。

从地面向飞机发送信息的处理过程与下行信息类似。例如，当机组要求提供气象资料时，航空公司计算机系统就产生一个气象报告信息，信息的前端是飞机的注册号，其余是实际的气象资料，信息通过数据网络上传到飞机。

另外，上行信息通过通信管理装置也可传送到其他机载计算机。飞行员通过控制显示屏幕就可看到所有接收到的上行信息的目录，同时也能选择查看收到的气象信息，ACARS 组件还能通过驾驶舱打印机打印相关信息。

此外，飞机上的其他系统也能通过 ACARS 发送信息到地面。例如，发动机动态监视系统（FDAMS）能在飞行期间监控发动机的超限状态，一旦出现超限情况，FDAMS 能自动产生一个发动机的超限状态信息，由数据总线传送到中央维护计算机，再由它传送信息到通信管理装置，通过电台将信息发送到地面。一些重要故障信息实时发送到航空公司维护部门，能使航空公司维护人员及时了解飞机存在的故障。

在飞行过程中，频繁使用话音通信容易使人产生误解和错误，特别是在飞行计划、登机门的分配、机场跑道信息、气象信息等有变化时更容易发生错误。这将使航空公司的安全和经济效益受到影响。而数据链通信能够减少这方面的错误。另外，话音通信还存在 VHF 频道的拥挤和阻塞以及高频系统通信质量不高的问题，且长时间话音通信还能够造成机组心烦意乱。而 ACARS 的数据链通信是静默的，不会出现这些问题。

话音通信信息很难快速分配到航空公司各部门，特别是当数据要求进行分析、记录和保存时，需要转换格式，这将耗费大量的人力、物力和时间，且容易产生错误。而 ACARS 提供的信息是数字的，易于分析和分配到各部门。

数据链能够提供实时确认问题的能力，还能够为飞行管理和维护部门提供附加的资料信息，甚至可以传送一些飞行员尚未察觉而系统自动探测出来的故障。这为航空公司降低成本、提高经济效益提供了决策依据。数据链提供的是实时信息，它为维护工作提供了充足的时间。

管制员 – 飞行员数据链通信系统（CPDLC）是依靠数据链传输信息的飞机通信系统，主要用于管制员与飞行员之间的空中交通管制，可代替语音通信，方便飞行员驾驶。

管制员与驾驶员进行空地数据链通信，可以避免语音通信因通信距离、通信质量、通信频道拥挤造成的通信不畅或误听、误解语音含义带来的安全隐患；同时可以大大降低飞行机组和管制员的工作负荷，增强空域活动的安全裕度，减少飞行间隔；通过数据链通信可以加大运行空域的交通流量，提高运行效益。

在云端体验上网快乐 >>>

坐过民航飞机的人都知道，飞机起飞后，乘务人员都会提醒旅客要关闭所有电子设备，以免对飞机与地面的通信造成干扰，进而影响飞行安全。随着卫星通信系统的出现并应用到航空领域，这种情况正在逐步改变。航空卫星通信系统由空间段、地面段以及机载段三部分组成。空间段指的是通信卫星，即卫星转发器。地面段指地面上负责发送和接收卫星信号以及对卫星网络进行管理的地面设施，通常称为地面站，包括天线、射频、主站 Hub 以及网管系统和网络运营中心等。机载段指位于飞机上的通信设备，包括机外天线、天线控制单元、功放、调制解调器以及舱内无线接入设备。

卫星通信系统包括 L 波段的海事卫星通信系统、Ku 波段的宽带卫星通信系统和正在发展的 Ka 波段卫星通信系统。卫星通信系统覆盖范围广，只要在卫星发射的电波覆盖范围内，任何两点之间都可进行通信，不受地形地貌的影响。移动互联网服务的最后一个信息孤岛——飞机客舱，因机载卫星通信系统的应用正逐步被覆盖。移动互联网终于登上万米高空，旅客们终于可以摆脱飞行途中的枯燥，可以在云端体验网上娱乐。

七、共和国蓝天卫士

新中国第一架喷气式歼击机 >>>

　　歼 –5 战斗机是由沈阳飞机制造厂参照苏联米格 –17φ 型战斗机仿制的单座单发战斗机，也是国内生产的第一种高亚音速喷气战斗机。1954 年 10 月开始仿制，1956 年 7 月 13 日完成总装，1956 年 7 月 19 日由试飞员吴克明驾驶原型机首飞成功，1956 年 9 月正式投入批量生产。歼 –5 的研制成功标志着中国成为当时世界上能够成批生产喷气战斗机的国家之一。

　　1951 年 10 月，中苏两国政府正式签订了《苏维埃社会主义共和国联盟给予中华人民共和国在组织修理飞机、发动机及组织飞机厂方面以技术援助的协定》。1953 年 11 月 25 日，苏联政府同意向中国移交米格 –17φ 歼击机的制造许可证。二机部四局正式向 112 厂下达了试制米格 –17φ 歼击机的命令，并要求于 1956 年 10 月 1 日前试制出第一架喷气式飞机。根据引进试制计划，整个试制过程分为四个阶段：第一阶段用苏联提供的部件装配飞机；第二阶段用苏联提供的组合件装配飞机；第三阶段用苏联提供的零件装配成组合件，再装配成部件，最后再装配成飞机；第四阶段用自制零件装配成组合件，再装配成部件，直至总装成国产飞机。为了缩短试制周期，根据苏联专家的建议，工厂采用了四个阶段平行交叉作业的快速试制方法，仅用不到一年的时间，就完成了需要几年时间的试制周期。1954 年 10 月，沈阳飞机制造厂接受了飞机试制任务，工厂代号为"东风 101"。1955 年 4 月，苏联提供的米格–17φ飞机成套技术资料和图纸到齐，工厂立即组织翻译和绘图，同年9月开始试制飞机。1956年2月，整个飞机的14 719种253 550个零件全部制造完毕。1956年7月19日，中国东北某机场，一架银白色的喷气式歼击机腾空而起。在飞机机身前部，印着鲜红的大字：中0101。这个代号的意思是，中华人民共和国生产的喷气式歼击机的第一批第一架。

　　1956年9月8日，国家验收委员会在112厂举行了验收签字仪式，工厂称之为"东风"101歼击机，空军称之为"56式"飞机（统一编号时改为歼–5飞机），同时批准成批生产。国家验收委员会主任王秉璋在签字仪式上宣布了验收结论："112厂已经试制成功56式飞机，并

◀║ 歼–5 ║▶

可以成批生产，交付空军及海军航空兵部队使用。"1956年9月9日，《人民日报》在头版以《中国试制成功新型的喷气式战斗机》为题报道了这一消息。

　　1956年9月10日，112厂隆重召开国产第一架喷气式歼击机试制成功祝捷大会，军委副主席聂荣臻元帅和司法部部长史良、第二机械工业部部长赵尔陆到会祝贺。聂荣臻元帅为歼–5飞机剪彩，代表国务院总理周恩来发给112厂20万元奖金，并向苏联专家颁发了感谢状。当天，中共中央、国务院向全体职工发来了贺电，勉励工厂"再接再厉，为进

一步提高航空工业的技术水平、确保航空产品质量和取得成批生产的经验而努力"。

1956 年 9 月 19 日，首批生产的 4 架歼 –5 飞机交付部队使用。1956 年 10 月 1 日，新生产的第一批 4 架歼 –5 型歼击机参加了国庆阅兵，正在天安门城楼上检阅的毛泽东主席，指着飞机对外国朋友说："我们自己的飞机飞过去了。"后来，他把这种感受写进了《论十大关系》，其中写道："自从盘古开天地以来，我们不晓得造飞机、造汽车，而今开始都能造了。"

歼 –5 甲（J–5A）是成都飞机制造厂在歼 –5 飞机的基础上改进研制的全天候型战斗机，工厂代号为"东风 104"。1961 年 8 月开始设计，1962 年 10 月发出了全套设计图纸和资料，1963 年 3 月开始制造零件，1964 年 6 月完成总装，1964 年 11 月 11 日由试飞员吴有昌首飞成功，同年 11 月 30 日定型并装备部队。

歼教 –5 是由成都飞机制造厂在歼 –5 甲的基础上改型设计的全天候双座喷气教练机。1964 年开始设计，1966 年 5 月 8 日首飞，同年 12 月定型并装备部队。

歼侦 –5 型侦察校射飞机是在歼教 –5 飞机的基础上改型设计的，主要用于侦察、观察和校正弹着点，以提高地面炮兵对敌打击的精度和效率。从 1975 年开始，先后改装了 16 架歼教 –5 炮兵校射机，提升了炮兵航空照相侦察能力。1986 年空军侦察校射大队撤编，所装备的飞机调到歼击机部队作为教练机。

歼 –5 系列战斗机共生产 1994 架。其中歼 –5 飞机 767 架，歼 –5 甲 124 架，歼教 –5 教练机 1087 架，歼侦 –5 侦察校射飞机 16 架。

歼 –5 飞机装备部队后，屡立战功，在国土防空任务中发挥了十分重要的作用，创下以劣势装备战胜优势装备的多起战例。先后击落了 F–84、F–86、RB–57A 和 F–4B 等多种入侵飞机。

歼 –5 性能参数

名称	参数	名称	参数
机长	11.68 米	最大平飞速度	1145 千米 / 小时
翼展	9.6 米	巡航速度	800 千米 / 小时
机高	3.80 米	实用升限	16 000 米
空重	3939 千克	最大航程	2000 千米
正常起飞重量	5340 千克	作战半径	800 千米
载弹量	500 千克	发动机型号	WP-5 涡喷发动机

　　1958 年 1 月 7 日，海军航空兵第 4 师 2 架歼 –5 飞机击落国民党空军 RB-57A 高空侦察机，为航空史上首例同温层空战。1958 年 9 月，歼 –5 编队与国民党空军 24 架配有新型 AIM-9B 响尾蛇导弹的 F-86 编队在浙江温州上空遭遇。空军飞行员王自重因掉队被 12 架 F-86 围困。王自重单机击落两架 F-86 后，被 F-86 携带的 AIM-9 "响尾蛇" 导弹击落。这是世界上第一次实战中空空导弹取得的战绩。而 F-86 发射的一枚 AIM-9 导弹未爆炸，坠落后被地面人员发现后送往苏联，苏联在此基础上研制成功了 K-13 空空导弹，中国仿制型号为霹雳 –2 空空导弹。1965 年 4 月 9 日，四架中国空军歼 –5 战机于南海上空与美国海军的 F-4B 遭遇，发生近距离空中冲突，拦截期间，F-4B 匆忙发射 AIM-7 "麻雀" 导弹，歼 –5 因拐弯半径小得以逃脱，脱靶的 AIM-7 竟然飞向远方的一架 F-4B，并将其击落。1967 年 4 月 24 日，中国空军 4 架歼 –5 战斗机在中国广西板兴地区上空，击落美国 F-4B 战斗机一架。此次空战，从发现美机到将其击落，只用了 3 分钟。1970 年 2 月 10 日上午 9 时左右，海南陵水机场警铃大作，雷达发现有敌机入侵海南。海军航空兵某部飞行员周新成和祁德起驾驶歼 –5 战机起飞迎敌，起飞三四分钟后发现目标 "萤火虫" 无人机正在 1.8 万米的高空飞行，歼 –5 战斗机升限只有 1.6 万米，根本无法靠近。两人驾机跟踪了一段时间后，"萤火虫" 无人机按预定程序降低了高度准备加速逃离，落入歼 –5 的火力范围内。周新成抓住机会连开数炮，击中敌机尾部，无人机拖着长

长的火舌一头栽进海南岛五指山的一片森林中。

屡创神话的战斗机 ≫

　　歼 -6 战斗机是由沈阳飞机制造厂按照苏联米格 -19 飞机仿制的单座双发超音速喷气式战斗机，总共生产了 5205 架，是我国空、海军航空兵部队装备数量最多、服役时间最长、战果最辉煌的国产喷气式战斗机。先后出口到阿尔巴尼亚、埃及、巴基斯坦、坦桑尼亚、索马里等十几个国家。

　　1957 年 10 月，中苏两国签订协议，苏联向中国出售米格 -19 飞机的制造技术，提供全套技术资料、样机和部分散装件、成品附件。中国选择米格 -19P（全天候截击机 / 航炮型）作为仿制型号，购买了该型飞机和发动机的整套图纸，由沈阳飞机制造厂生产飞机、沈阳黎明发动机厂生产发动机。1958 年上半年，米格 -19P 的图纸资料陆续到达沈阳飞机制造厂和黎明发动机厂。1958 年 8 月仿制准备工作基本完成，进入正式仿制阶段，工厂代号"东风 103"。1958 年 12 月 17 日，东风 103 由王幽淮驾驶首飞成功。1959 年 4 月 26 日，国家鉴定委员会正式鉴定验收。1964 年 11 月，航空工业部统一国产飞机命名，东风 103 改称歼 -6 甲。1974 年，贵州飞机制造厂根据空军要求对歼 -6 甲进行改

◀‖ 歼 -6 ‖▶

进，重点是"射雷–2"机载雷达，使之适应 PL–2 空空导弹发射控制的
需要。新歼–6 甲机翼下增加了两个挂架，用于挂载 PL–2 空空导弹。
1975 年 12 月 21 日，新歼–6 甲首飞成功。1977 年，设计定型并投入生
产。歼–6 甲飞机共生产了 3562 架，是中国空军、海军大量装备并输
往国外的歼–6 系列飞机。1958 年 12 月，沈阳飞机制造厂开始仿制米
格–19 系列中的昼间战斗型——米格–19S，由于没有购买相应的生产
许可证，决定以米格–19P 为基准，参照米格–19S 进行设计，工厂代号"东
风 102"，1959 年 2 月进入试制阶段。9 月 30 日，吴克明驾驶"东风
102"首飞成功，空军命名为 59 式歼击机。1958 年 11 月，南昌飞机制
造厂开始仿制米格–19 系列中的全天候导弹截击机米格–19PM，工厂
代号"东风 105"，后统一命名为歼–6 乙，1959 年 9 月 28 日试飞成功，
11 月 28 日通过国家鉴定，1963 年设计定型投入小批量生产，共生产了
19 架。歼–6 飞机主要改型有 6 甲、6 Ⅰ、6 Ⅱ、6 Ⅲ、6 Ⅲ G、6 Ⅳ、
歼侦–6、歼教–6 和弹射试验机等。

歼–6 性能参数

名称	参数	名称	参数
机长	14.64 米	最大平飞速度	1454 千米 / 小时
翼展	9 米	巡航速度	900 千米 / 小时
机高	3.89 米	实用升限	17 900 米
空重	5447 千克	最大航程	2200 千米
正常起飞重量	8824 千克	作战半径	680 千米
载弹量	500 千克	发动机型号	WP–6 型、WP–6 甲型

歼侦–6 战术侦察机是在歼–6 飞机的基础上改进设计的侦察机，
主要用于对浅近纵深、宽大正面目标进行照相侦察，获取战役战术情报。
1967 年 7 月首批中低空昼夜侦察型研制成功并装备部队。在此基础上
又研制出高空昼间侦察型，1971 年 4 月 2 日首飞并装备部队。1976 年
1 月，开始研制全新的歼侦–6，采用两用侦察型方案，1976 年 12 月完

成设计定型。歼侦－6系列飞机共生产133架。

歼教－6是在歼－6飞机的基础上改进设计的双座教练型，也是我国生产的第一种超音速教练机。1966年10月立项，1967年开始试制，1970年11月6日首飞成功，1973年11月设计定型并投入批量生产，1975年正式交付部队使用，总共生产615架。

从1964到1968年，中国空军和海军航空兵歼－6战机击落击伤美国战机21架，包括RF-101、A-3B、A-3D、A-6A以及性能远在歼－6之上的F-104、F-4B、F-4C，而歼－6却未被击落一架！创造了一代神话。

1964年11月15日11时53分，雷达报告海南岛陵水以东170千米发现美国BQM-147G型无人侦察机1架，航向西北，高度1.76万米，时速780千米。5分钟后，空1师驻遂溪机场作战分队中队长徐开通奉命驾驶歼－6飞机起飞拦截。12时20分，歼－6爬高到1.62万米。2分钟后冲高至1.75万米，距目标1500米。徐开通放下减速板，从目标后下方进入攻击位置。距离目标400米，徐开通两次齐射，距离230米时，又是一个三炮齐发，无人机一头栽下，创造了战斗机在平流层击落敌机的记录。

1965年3月18日，国民党空军派出2架有"西方战略眼睛"之称的RF-101执行例行侦察任务。空军航空兵第18师54大队副大队长高长吉驾驶歼－6起飞迎战。10时35分，发现敌机。RF-101发现被拦截，立刻放弃侦察，高长吉打开加力，抓住后面一架RF-101，距离600米时三炮齐发，将RF-101打得凌空爆炸。在击落RF-101的整个过程中，从接敌开始到击落敌机，都是在超音速条件下进行的，高长吉在3分40秒的过程中连续做了16个高难度的动作，从11 000米高空追到2000米，从600米距离打到480米，一次射击解决战斗。这是空军航空兵首次在超音速飞机的极限速度条件下作战并取得战果，首创世界空战史上超音速条件下击落敌机的纪录。

1966 年 4 月 12 日下午，广东雷州半岛空军防空警戒雷达发现一架大型飞机侵入广东省雷州半岛上空。驻遂溪机场空军第 26 师飞行员杨建全、李来喜分别驾驶歼 -6 型飞机起飞拦截。升空后飞行员在飞机左下方距离 9 千米处发现目标，由于歼 -6 型飞机速度过大，杨、李双机瞬间冲了过去，丢失目标，长、僚机散队。经地面引导，僚机飞行员李来喜再次发现目标。为查明该机国籍及型号，李来喜 3 次逼近目标观察。当确认为入侵美国军用飞机后，李来喜在距离目标 300 米处进行攻击，发射炮弹 190 多发，敌机中弹起火。李脱离后再次进入攻击，直到敌机坠海才返航。后查明该机为美国海军 A-3B 重型攻击机。

1967 年 1 月 13 日上午，台湾国民党空军一架 RF-104G 侦察机在F-104G 战斗机的掩护下，进入福建省漳州上空，高度 1.1 万米，时速2000 千米 / 小时。空军航空兵第 24 师立即起飞两批 8 架歼 -6 迎战。空8 军指挥所引导第一批歼 -6 以小于对方 600 千米的时速，大角度接敌。F-104G 在最大速度、加速性、上升率、作战半径、武器装备、机载设备等方面都占有明显优势。4 架歼 -6 战机在晋江上空与 4 架 F-104G 斜对头遭遇，3 号机飞行员胡寿根在负速度差条件下，采取斜对头拦阻射击战法，连发 48 弹，将一架 F-104G 击落。

1967 年 8 月 21 日，美国海军 2 架 A-6A 攻击机侵入中国广西境内，空 18 师 2 架歼 -6 起飞迎敌。飞行员运用歼 -6 的机动性做出负荷达 8.2G 的斜筋斗反转动作，将飞机拉到美机尾后，抵近至 500 米开炮，将两架美机击落。

2006 年 8 月，歼 -6 退出中国空军战斗部队行列。2010 年 6 月，歼教 -6 退出训练部队序列。目前歼 -6 已改成无人攻击机，一代传奇仍在继续。

扬威南海 >>>

在 1965 年至 1968 年三年时间，人民解放军海军航空兵在海南岛附近海域上空作战 4 次，以劣势装备击落美海空军战机 4 架，敌误击自毁 1 架，干净利落打了美军一个 5：0，取得空中较量的完胜，美军在侵犯我领海领空的行动中没有占到丝毫便宜。

1965 年，美国全面升级越南战争，美军除大量增兵外，开始对越南北方实施大规模轰炸。在大批美军战机自南越基地和海上航空母舰起飞北侵的过程中，不时有美军机窜入我南海上空活动，其主要目的一是试探解放军的防空反应与截击能力，二是侦察我海南岛的机场、高炮等部署情况。因为当时越战正打得不可开交，中国是北越的坚强后盾，解放军高炮部队开始入越参战，美国自然对中国恨之入骨，欲寻衅报复。北越空军战机在机场被美军轰炸或失去制空权的情况下，曾紧急避险飞到中国境内机场降落，美军就叫嚣要进入中国领空追击北越战机，轰炸停留北越战机的中国机场。面对美军机频繁入侵我南海领空，1965 年初，中央军委命令海军南海舰队航空兵第 8 师接管海南岛及周边海域的防空作战任务，调北海舰队航空兵第 4 师的一个歼 -6 型歼击机小分队进驻海口机场，加强空防力量，厉兵秣马，严阵以待，坚决回击美军机的挑衅行为。

中央军委曾颁发《南海地区对美舰、美机斗争的六项规定》，强调"有理、有利、有节"的斗争策略，核心就是我军在南海"不开第一枪"。由于我军的这种克制，美军更加肆无忌惮，入侵中国南海领空领海的次数越来越多，最终发生了美军战斗机率先向我军战机发射导弹的事件，揭开了南海空战的序幕。

1965 年 4 月 9 日 8 时许，我军对空警戒雷达在海南岛三亚正南海面 110 千米处，发现从美海军航空母舰上起飞的 8 架 F-4B "鬼怪"式舰载战斗机，正朝我领空飞来。第一批 4 架敌机向海南岛西南的莺歌海海域靠近，经过白龙尾岛后循原航线返回。第二批 4 架敌机窜入中国领海上空后，继续北犯海南岛。针对敌机来犯，海航第 8 师立即命令第

24 团第一大队大队长谷德合率 4 架歼 –5 型歼击机向战区飞去。歼 –5 型歼击机是中国仿制苏制米格 –17 制造的第一种喷气式战机，整体性能与美军战机差距较大。谷德合与战友们驾驶的歼 –5 型战机既没有空对空导弹，也没有导弹来袭告警装置。而 F–4 重型多用途战斗机是美军当时最好的战斗机之一，属于典型的二代半战机，可携带 4 枚麻雀 –3 空对空导弹，雷达和电子设备齐全，各项性能远远在我军战机之上。

谷德合率队按地面指挥引导迅速逼近美机，在 300 米左右与敌机纠缠在一起。但由于有《六项规定》限制，我机不能率先开火。美军 4 号机趁机绕到我军 4 号机身后，连续发射 2 枚麻雀 –3 导弹，我军 4 号机急压舵转向躲避，这 2 枚导弹擦身而过。此时美军的 3 号机正在我 4 号机的前方，这导弹可六亲不认，直接命中了倒霉的美 3 号机，该机立马爆炸起火，坠落在海南岛西南海域。剩余敌机在慌乱中盲目射出全部导弹，然后迅速逃窜。我机因油料不足无法追击，在地面指挥所指挥下安全返航。

南海首次空战，中美军机 4 架对 4 架。美机性能和武器占尽优势，敌机共向我发射 6 枚麻雀 –3 型导弹，而我方严格执行军委关于对敌"不开第一枪"的规定，未发一炮，美军机却自摆乌龙，偷鸡不成蚀把米。

南海首战失利，美军并不甘心。1965 年 9 月 20 日，美空军一架 F–104C "星"式战斗机窜入我海南岛西岸，在启马井以西海域上空我领空线忽进忽出，擦边挑衅。F–104C 是 2.2 倍马赫的轻型战斗机，机上除航炮外，可携带 4 枚"响尾蛇"空对空导弹。接到战斗命令，海航第 4 师第 10 团大队长高翔、副大队长黄凤生迅速驾驶歼 –6 型歼击机双机起飞拦截，按照地面指挥引导打开加力高速向美机扑去。美机飞行员菲利普·史密斯还没来得及做出反应，高翔驾机从距离敌机 290 米处开炮，直打到 39 米处才罢手，美机变成一团火球一头扎向海面。由于距离敌机过近，美机空中爆炸的碎片将高翔的座机击伤多处，一台发动机空中熄火。高翔沉着冷静，仅依靠另一台发动机安全返回机场。被击落的美机飞行员史密斯跳伞后坠入大海，被海南岛民兵驾渔船俘获。1972年美国总统尼克松访华，中美关系缓和，史密斯于1973年获释回到美国。退役后的史密斯曾于1989年来华，主动提出要见高翔，两人在上海会面，成为一段佳话。

1967年6月26日，我雷达发现在海南岛东南海面135千米处有1架美军F-4C型"鬼怪"式战斗机向北飞来。海航第6师第16团副大队长王柱书和飞行员吕纪良奉命驾歼-6型歼击机双机起飞迎战，当敌机在陵水以南海面55千米处转向侵入中国领空时，王柱书率先开炮，接着吕纪良及时补射，将美机打得凌空爆炸。

1968年2月14日，由美海军航空母舰上起飞的2架A-1H型舰载攻击机，在海南岛陵水以东海面230千米处向中国领空靠近。海航第6师命令第18团副大队长陈武录和飞行员王顺义驾驶歼-5型歼击机双机起飞，到万宁和乐会之间的领海线上空巡逻待机。当敌机侵入万宁上空时，陈武录先将敌僚机击落，美飞行员跳伞逃命。王顺义迅速扑向敌长机，两次开炮将其击伤，美机带伤逃走，不久坠落在南越岘港海面。

除了南海上空，在中国南方各省毗邻越南的边境上空，美军机的入侵行动同样是败走麦城。1965年10月至1969年10月，我海军航空兵、空军航空兵和高射炮兵部队在广东、广西、云南边境上空共击落美军机8架，击伤3架。

越南战争期间，美军为减少飞行员伤亡，曾大量使用高空无人侦察机对我国南方各省实施侦察，解放军战机多次升空却无法拦截。因为美军无人侦察机飞行高度在18 600～20 000米，而我军最好的歼-6升限是17 900米，歼-5升限只有16 000米。为了打下无人机，解放军飞行员冒着空中失速、发动机熄火等危险苦练"极限跃升射击"。功夫不负有心人。终于在 1964 年 11 月 15 日由空 1 师第 2 团飞行员徐开通首开纪录，在广东涠洲岛上空击落美军 BQM-147G 型无人侦察机 1 架。自此一发不可收拾，解放军海军航空兵、空军航空兵和地空导弹部队在广东、广西、云南上空共击落美军无人侦察机 21 架，其中 4 架是在南海上空击落的。

解放军的空中铁拳打出了国威军威。这一连串的沉重打击令美军付出了惨痛的代价，美军不得不开始收敛，美军机自越南方向侵入中国领空的事件逐渐减少，到 1970 年基本停止。

歼 -7 传奇 >>>

歼 -7 战斗机是由沈阳飞机制造厂参照苏联米格 -21Φ-13 研制的单座单发超音速喷气式战斗机，由成都飞机制造厂和贵州飞机制造厂负责生产，大量装备中国空军航空兵、海军航空兵部队，主要用于国土防空和夺取战场前线制空权，也可以执行对地攻击任务，属于典型的第二代战斗机。

1961 年中苏双方签署协定，授予中国米格 -21Φ-13 飞机及 R-11Φ-300 涡喷发动机的制造许可证，同时中国空军采购 12 架米格 -21Φ-13 型飞机装备空军第十一航空学校。国产歼 -7 原型机由沈阳飞机制造厂生产，涡喷 -7 发动机由黎明发动机厂按照 R-11Φ-300 涡喷发动机仿制。1965 年 11 月完成机体静力试验，1966 年 1 月 17 日由试飞员葛文墉成功首飞，1967 年获得生产许可证。基本型全部由沈阳飞机制造厂生产，随后转由成都飞机制造厂和贵州飞机制造厂生产。

早期的歼 -7 性能很一般，基本上就是一个带翅膀的喷气发动机，到了歼 -7 Ⅱ 的时候才堪使用。歼 -7E 和歼 -7G 是最具中国特色的改型。特别是歼 -7G 换装了 JL-7 多普勒雷达、头盔瞄准具和 PL-8 空空导弹，具有强大的空战能力，被誉为有史以来最强悍的"米格 21"。

歼－7 性能参数

名称	参数	名称	参数
机长	13.95 米	最大平飞速度	2.05 马赫
翼展	7.15 米	爬升率	180 米 / 秒
机高	4.10 米	实用升限	18 700 米
空重	5275 千克	最大航程	1480 千米
正常起飞重量	8655 千克	作战半径	600 千米
载弹量	1000 千克	发动机型号	WP-7 涡喷发动机

　　歼－7Ⅱ是歼－7 系列飞机中第一款重要改型，换装了涡喷－7 乙发动机，1978 年 12 月 30 号首飞，共生产 375 架。1983 年 8 月 2 日，在歼－7Ⅱ飞机上改装 PL-8 型导弹，1984 年 3 月完成改进设计，1985 年 3 月试飞成功，1985 年 9 月 9 日通过技术鉴定，1986 年 2 月开始装备部队，后被命名为歼－7H 型，该机可以外挂 PL-2、PL-5 乙和 PL-8 型导弹，空战能力大大提高，到 1993 年停产共生产 221 架。

　　歼－7E 是由成都飞机制造厂在歼－7Ⅱ的基础上改进研制的，三角翼改为双三角翼，换装了涡喷－13F 发动机以及新型航空电子系统。1990 年 5 月 18 日首飞，1993 年 5 月设计定型，8 月开始交付部队使用，到 2001 年停产共生产了 260 多架。该机在机动飞行性能上达到了国外第二代战斗机的较好水平，并已接近第三代战斗机的水平，同时在有效武器载荷和作战半径上也得到了明显改善，改进的电子设备也提高了飞

◀◀ 歼－7EB 表演机 ▶▶

机的总体作战效能。1995 年 7 月 7 日，空军八一飞行表演队首次使用歼 –7EB 型飞机进行飞行表演，并于 2000 年在中国国际航空航天博览会（珠海航展）公开亮相。

歼 –7G 是在歼 –7E 基础上的改进型，换装了整体式风挡、头盔瞄准器、JL-7 雷达、Ⅲ 型敌我识别器和全向雷达警告器等，可实现手不离杆(HOTAS)操作，综合性能跨上新台阶，成为一种名副其实的低成本、高效能的武器平台。2002 年 6 月 28 日首飞，2004 年 7 月通过定型设计，2006 年 11 月装备部队。

歼 –7 系列战斗机是中国自行研制、大量装备、批量出口的优秀的第二代战斗机，自 1965 年第一架歼 –7 首飞，不断繁衍，到 2006 年停产，40 多年时间里，总共生产了超过 4000 架，除装备中国空军和海军外，还向多达 30 多个国家出口，是中国最知名的军机出口品牌。

1966 年 1 月 3 日 14 时 26 分，在云南蒙自以南 270 千米处，警戒雷达发现美国无人驾驶侦察机 1 架从河口侵入中国国境，直窜蒙自，尔后经开远、马关地区回窜。中国空军驻蒙自高空作战分队共起飞歼 –7 飞机 2 架、歼 –6 飞机 3 架截击。飞行员鲁祥孝以时速 1300 千米速度向敌机逼近，在 18 300 米高度发现敌机，用活动光环瞄准，在距敌 880 米时，一次发射火箭 32 枚，击中敌机。敌机残骸坠落于越南境内。

1966 年 2 月 7 日，空三师大队长冯全民驾驶歼 –7 飞机用火炮击落美军无人驾驶高空侦察机 1 架，创造了在高空超音速、大速度差条件下近战歼敌的典型战例。

1967 年 6 月 12 日，空三师飞行员刘光才驾驶歼 –7 飞机，在广西地区执行拦截美国空军无人驾驶侦察机的任务，在距离目标 57 米时用火炮将入侵的 BQM-147H 无人驾驶侦察机击落，创造了超音速两倍的战斗机在最短距离上击落无人机的范例。

歼 –7 总设计师屠基达（1927—2011），浙江绍兴人，飞机设计专

◀‖ 屠基达 ‖▶

家。1951 年毕业于上海交通大学。历任哈尔滨飞机制造厂设计员、设计科长，沈阳飞机制造厂设计室副主任，成都飞机制造厂设计所所长、副厂长、总工程师，成都飞机发展中心副主任。中国航空学会理事，航空工业部科技委委员，中国工程院院士。

屠基达参与了 15 种飞机的修理、仿制、自行设计和改进改型工作，担任 "初教 –6" "东风 107" 主管设计师，"歼 –5 甲" 主任设计师，"歼 –7IIA" "歼 –7M" 总设计师。两次荣获全国科学大会奖，两次荣获国家科技进步一等奖，三次荣获国家金质奖。主持设计的歼 –7 系列从 I 型、II 型直到 M 型，技术改进达 30 多项，歼 –7M 飞机成为当时我国唯一在国际军机市场上具有竞争力的飞机。1986 年获 "航空工业部有突出贡献科技专家" 称号，1991 年获政府特殊津贴，1993 年荣获中国航空工业总公司个人最高荣誉奖 "航空金奖"。

空中美男子 ≫

歼 –8 战斗机是由沈阳飞机制造厂研制的双发高空高速截击战斗机，中国空军和海军航空兵的主力战斗机种之一。

歼 –8 战斗机是在歼 –7 基础上放大设计的，被称为世界上最后一款第二代战斗机，1964 年开始设计，1968 年 7 月完成总装。1969 年 7 月 5 日首飞，试飞员尹玉焕驾驶歼 –8 飞机两次通过机场上空，高度 3000 米，时速 500 千米，首飞取得了圆满成功。1980 年 3 月 2 日，国家军工产品定型委员会批准设计定型，进入试飞验证阶段。试飞期间，累计飞行

1025 个起落，663 个飞行小时，发现并解决了一系列技术问题。1986 年 2 月 20 日，批准生产定型。从首飞到设计定型，走过了"引进、消化、再创新"的全过程，标志着我国航空工业从仿制走上了自主设计的道路。主要改型有白天型、8A、8E、8R、8ACT、8Ⅱ、8B、8C、8D、8ⅡM、8ⅡACT、8Ⅲ、8F、8FR、8G、8T 和歼侦 -8F 等，歼 -8Ⅱ型飞机成为当时我国国土防空的主战机型，号称"空中美男子"。

歼 -8Ⅱ性能参数

名称	参数	名称	参数
机长	21.59 米	爬升率	200 米 / 秒
翼展	9.34 米	实用升限	20 000 米
机高	5.41 米	最大航程	2200 千米
空重	9820 千克	作战半径	800 千米
正常起飞重量	14 300 千克	发动机型号	2×WP-13A 涡喷发动机
载弹量	2200 千克	起飞滑跑距离	670 米
最大起飞重量	17 800 千克	着陆滑跑距离	1000 米

"和平典范"项目是冷战时期中国最重要的航空对外合作项目之一，国内称"82 工程"。主要是在歼 -8II 飞机的基础上，引进美国先进的航空电子设备和机载武器，全面提升飞机的战术性能。重点是 1553B 总线、AN/APG-66 雷达和"阿斯派德"中距空空导弹，中美双方还探讨了引进 AIM-7M 中距拦射导弹和 F404 发动机的可能性，改进后歼 -8Ⅱ飞机的作战能力将达到美国 F-16/79 的水平。1987 年，2 架歼 -8Ⅱ战斗机运抵美国。1988 年底，格鲁曼公司完成了 AN/APG-66 雷达的安装与测试，随后飞抵美国爱德华兹空军基地进行全面试飞。1989 年，美国政府单方面中止了"和平典范"计划，格鲁门公司虽表示可以继续这一项目，但要求中方增加经费 2.5 亿美元，中方最终彻底放弃此计划。"和平典范"是中国战斗机技术发展中一个重要的转折点，影响深远。通过合作，中国航空部门深入了解了西方先进的军工设计生产思想和体系，为我国自

◀‖ 空中加油 ‖▶

行研制第三代战斗机奠定了基础。

歼－8D 飞机是在歼－8 Ⅱ 的基础上改进设计的具有空中受油功能的高空高速歼击机。通过空中加油，增加了航程，提高了执行远距离作战任务的能力。另外对机载电子设备进行了升级改造，加装了 563B 惯导、JD-3II 塔康、J8IIHK-13E 平显和 RKL800A 组合电子对抗系统，可挂载 PL-11 半主动中距空空导弹、PL-8 或 PL-5B 近距格斗导弹、250-3 炸弹和 HF"火发"系列火箭发射器，作战能力明显增强。1996 年起陆续装备空军航空兵、海军航空兵部队，并在建国 50 周年阅兵式上正式亮相。

歼－8F 战斗机是在歼－8D 的基础上的最新改进型，换装了 JL-10A"神鹰"脉冲多普勒雷达、平视显示器、惯性＋北斗组合式导航系

◀‖ 歼－8F ‖▶

统、综合化电子战／红外干扰系统，可探测 15 个目标并同时攻击其中威胁最大的 6 个目标。换装了昆仑 –2 涡喷发动机，加大了作战半径。武器外挂架增至 7 个，使用了复合式挂弹架，可挂载 PL-10 空空导弹、PL-12 主动雷达制导空空导弹、YJ-91 反辐射导弹、YJ-83 反舰导弹、YJ-82D 空地导弹、FT-2 反辐射导弹和"雷石"制导炸弹。2000 年首飞，2003 年定型开始批量生产，进入中国空军服役。

1985 年 11 月，歼 –8 战斗机荣获国家科技进步特等奖。2000 年，歼 –8 Ⅱ 战斗机荣获国家科技进步一等奖。尽管如此，歼 –8 飞机正式服役时，相关技术已经落后，生产总量不大，因机动性较差，如今主要用于执行侦察和电子战任务。2011 年 10 月开始陆续退役。

歼 –8 总设计师顾诵芬，1930 年 2 月 4 日生，江苏苏州人，著名飞机设计师，空气动力学家。1951 年毕业于上海交通大学航空工程系。历任中国航空研究院飞机设计所副总设计师、副所长、所长兼总设计师，沈阳飞机制造公司总设计师，航空工业部科技委员会委员、中国航空研究院副院长，航空工业总公司研究员，中国航空工业集团公司科技委副主任。首届"863"计划航天高技术领域专家委员会委员，中国科学院院士，中国工程院院士。

◁|| 顾诵芬 ||▷

1954 年，顾诵芬开始承担歼教 –1 型和歼教 –6 型教练机的气动设计工作，首创两侧进气方案。1964 年，负责歼 –8 飞机的气动设计，解决了方向安定性和排除抖振等重大技术问题。1976 年，参与歼 –8 Ⅰ 型飞机的设计工作。1981 年，担任歼 –8 Ⅱ 飞机的总设计师。因对歼 –8 系列飞机的重大贡献，被誉为"歼 –8 之父"。

对地突击的雄鹰 >>>

强 –5 强击机是南昌飞机制造厂在歼 –6 战斗机的基础上研制的单座双发超音速强击机，是中国空军航空兵、海军航空兵部队装备的对地攻击主战机型，1985 年获得国家科技进步特等奖。

强 –5 是在歼 –6 战斗机的基础上参照西方攻击机的设计风格研制的对地攻击机，采用两侧进气、机身融合设计，增加防弹装甲、防弹玻璃、轰炸射击瞄准具等防护和火控设备，初期命名为"雄鹰 302"。1958 年 11 月在沈阳完成飞机的木制样机。1960 年完成图纸和有关计算工作，随后转往南昌飞机制造厂进行试制。1961 年 8 月因故下马。1962 年底恢复研制，1963 年 7 月完成总装，1965 年 6 月 5 日首飞成功并通过国家鉴定，完成初步设计定型。1966 年，小批量生产，1968 年完成试飞鉴定后，投入成批生产，陆续装备部队。强 –5 开创了中国自行设计制

强 –5G

造超音速喷气式强击机并大量装备部队的历史，填补了中国航空工业的一项空白。

强 –5 强击机内置弹舱可挂载两枚 250 千克或 500 千克的航空炸弹，机腹下可挂载 250 千克或 500 千克炸弹，机翼下还有两个外挂架，改型机可挂载 5000 ~ 2 万吨级核弹、57 毫米或 90 毫米火箭弹、PL–2 空空导弹和激光制导炸弹。主要改型有 5 甲、5 乙、5 Ⅰ、5 Ⅰ A、5 Ⅱ、5 Ⅲ、5M、5K、5C、5D、5E、5F、5G、5J、5KJL 和强教 –5，先后出口到朝鲜、巴基斯坦、缅甸、苏丹等国家。

强 –5 性能参数

名称	参数	名称	参数
机长	16.73 米	巡航速度	807 千米 / 小时
翼展	9.70 米	实用升限	16 500 米
机高	4.51 米	最大航程	1200 千米
空重	6 375 千克	作战半径	400 ~ 600 千米
正常起飞重量	11 830 千克	发动机型号	2★WP6 涡喷发动机
载弹量	1500 千克	起飞滑跑距离	700 ~ 750 米
最大平飞速度	1240 千米 / 小时	着陆滑跑距离	1060 米

强 –5 甲战术核武器投掷专用机取消了机上原有弹舱，在机腹部位设计一个较大的凹陷，采用半埋方式挂装氢弹。设计了带有推脱装置的弹架，加装了一个时统开关，可告知飞行员拉起飞机投掷氢弹的时间。还安装了上仰甩投瞄准具、高精度弹伞延时器、专用核弹监测与控制系统、电动锁死弹钩装置等。提高了燃油携带量，机内燃油增加到 2155 升，机外燃油增加到 1560 升，保证强 –5 甲携带核弹飞到核试验场上空甩投并返回。1970 年 4 月开始研制，1970 年 8 月 1 日首飞。1971 年 12 月 30 日，试飞员杨国祥驾机进行首次甩投氢弹试验，因推送装置电路短路造成氢弹连投 3 次没能投下，杨国祥冒险带弹返航并安全着陆。1972 年 1 月 7 日，杨国祥再次驾机执行甩投氢弹任务，在做完一系列规定动作后，甩

投氢弹离机，氢弹准时准点起爆，飞机安全返场，完成氢弹试验。

强 –5M 由中国与意大利合作研制，在强 –5 Ⅱ 型飞机的基础上换装西方机载电子设备。1986 年 8 月开始改装，1988 年 8 月总装完成，8 月 30 日第一架样机首飞成功。强 –5M 在保持优良低空性能的基础上，有效地提高了飞机的导航精度和攻击突防能力。1988 年 9 月，在英国范堡罗航空博览会上被外刊称为 20 世纪 90 年代世界重要的强击机机种之一。强 –5M 引进了意大利 AMX 攻击机的航电系统，包括中央数字计算机、双余度数据总线、头盔显示器、惯性导航系统、平视显示器和大气数据计算机等 17 项先进技术，对地攻击的效能提高了数十倍，对我国战斗机的发展产生了深远的影响。

强 –5E 在强 –5D 的基础上加装了新一代机载计算机，惯性导航 / GPS 综合导航系统，新一代主 / 被动电子战系统，武器外挂管理系统以及用于目标搜索、跟踪和照射的前视红外吊舱，机外挂点减少到 7 个，靠近翼尖的 2 个挂架上可挂 2 枚 LS-500J 激光制导炸弹，作战能力和攻击效果有了极大提高。机内载油量增加了 20% 以上，作战半径相应提高 15%，特别是在执行 500 千米以内的战术空中打击任务时显得游刃有余。

强 –5 强击机是中国空军对地攻击的主力机型，主要用于低空、超低空对地面或水面战术、战役纵深目标和有生力量进行攻击，直接支援地面部队作战。在长达 40 余年的生产、服役过程中，其作战性能不断得到改进提高，但毕竟是 20 世纪 60 年代的产品，气动设计陈旧，机体结构老化，作战半径小，航电水平低，性能提升潜力不大。2012 年 10 月 25 日，强 –5 系列飞机正式停产。

强 –5 总设计师陆孝彭（1920—2000），江苏常州人，飞机设计专家，中国工程院院士。1941 年毕业于重庆国立中央大学航空工程系。历任沈阳飞机制造厂设计师，南昌飞机制造厂设计所副所长、副厂长、飞机

◀▍ 陆孝彭 ▍▶

总设计师，南昌航空工业学院院长，江西省科协副主席。被评为全国有
突出贡献的科技专家，获得国防科工委总设计师荣誉状、航空工业最高
奖航空金奖。

　　1956年，陆孝彭被调到沈阳飞机制造厂第一飞机设计室，任歼
教–1喷气式教练机主管设计师。1958年，调到南昌飞机制造厂设计室
担任强–5飞机的主管设计师，开创了我国自行设计制造超音速喷气式
强击机并大量装备部队的历史，填补了中国航空工业的一项重要空白。
强–5飞机荣获国家科技进步特等奖，并载入英国《简氏航空年鉴》。
1969年，参加了歼–12飞机的设计工作，在研制中采用了许多新技术、
新结构和新材料，使之成为当时世界上最轻的超音速战斗机。

具备战略意义的"战神" 》》

　　轰–6轰炸机是由西安飞机制造厂按照苏联图–16轰炸机仿制的中
型喷气式轰炸机，主要执行战术轰炸、侦察、反舰、巡逻监视等任务，
是中国核三位一体打击力量的重要组成部分，也是空军服役时间最长的
机种之一。最新改型轰–6K可以携带远程空地巡航导弹，大大提高了

中国空军的战略打击能力。

1958 年，中国与苏联签署协议，苏联同意向中国转移图 -16 中程轰炸机生产技术，并提供 2 架图 -16A 整机做样机，一架拆解作为研究，另一架则交由西安飞机制造厂拆解分析其生产模具的规格。再由苏方提供一架图 -16 整机部件及一架图 -16 散装部件由中方装配，同时提供各种零部件毛坯和原材料由中方进行加工制造。中方由哈尔滨飞机制造厂与西安飞机制造厂共同开展国内自制工程，1959 年苏联将全套的图 -16 技术图纸和资料交给中国。1959 年 9 月 27 日，第一架飞机在哈尔滨飞机制造厂首飞成功，12 月交付部队，国产型号为"轰 -6"。1961 年研制工作全部移交给西安飞机制造厂，因国民经济暂时困难工程放缓，到 1963 年才重新启动。1964 年 3 月，西安飞机制造厂恢复研制工作，第一架轰 -6 原型机于 1966 年 10 月完成总装，用于静力试验。1968 年 12 月 24 日，采用国产涡喷 -8 发动机的轰 -6 首飞成功，1969 年投入批量生产，结束了中国不能制造中型轰炸机的历史。主要改型有 6 甲、6 乙、6 丙、6 丁、6 Ⅰ、6D、6E、6F、6H、6M、6K 和轰油 -6 等。

轰 -6 性能参数

名称	参数	名称	参数
机长	34.8 米	巡航速度	0.75 马赫
翼展	32.3 米	实用升限	13 100 米
机高	10.36 米	最大航程	5760 千米
空重	37 000 千克	作战半径	2500 千米
正常起飞重量	75 800 千克	发动机型号	2× 涡喷 -8 发动机
载弹量	3000 /9000 千克	起飞滑跑距离	1670 米
最大平飞速度	983 千米 / 小时	着陆滑跑距离	1655 米

轰 -6 核弹载机是由西安飞机制造厂在哈尔滨飞机制造厂组装的图 -16 轰炸机基础上改装的核航弹运载试验机，1964 年改装完毕。1965 年 5 月 14 日，轰炸航空兵某师李源一机组驾驶图 -16 轰炸机首次空投原子

弹成功，机组荣立集体一等功。周总理、邓小平、陈毅、贺龙、聂荣臻等党和国家领导人接见了副师长李源一和领航员于福海等人。1966 年 5 月 15 日，轰 –6 甲通过生产定型，10 月 15 日军工产品定型委员会正式批准投产。1967 年 6 月 17 日，轰 –6 甲轰炸机执行了中国第一次空投氢弹试爆任务。

轰油 –6 是在轰 –6 飞机基础上改装研制的空中加油机，加装了塔康导航系统、航向姿态系统、气象雷达、超短波单边带电台、雷达告警设备和箔条 / 红外诱饵投放器等机载电子设备，取消了观察轰炸舱、尾炮等设备，机翼下配有两个软式加油吊舱，为了实施夜间加油，左右挂架两侧、左右起落架短舱内侧的尾锥内、后机务舱两侧各装了一个白光灯，加油吊舱也装有指示灯。全机载油 37 吨，输油 18.5 吨，可为 6 架歼 –8D 战斗机进行空中加油。1990 年首架轰 –6 空中加油机完成改装，命名为"轰油 –6"。1991 年 12 月 31 日，轰油 –6 与歼 –8D 战斗机首次对接成功，1995 年装备部队，1999 年在国庆大阅兵中正式亮相。2015 年 9 月 3 日，2 架轰油 –6 加油机、4 架歼 10 战机模拟成空中加油状态，在胜利日阅兵中向世人展示人民空军的远程作战能力。

轰 –6K 是轰 –6 系列轰炸机的最新改型，绰号"战神"。该机换装了 D–30KP–2 涡扇发动机，推力增加了 30%，耗油量减少了 20%；可

◀‖ 轰 –6K 轰炸机 ‖▶

挂载 6 枚长剑 –10 巡航导弹或 KD–88 空地导弹，最大载弹量达 15 吨；采用玻璃化座舱，加装了火控雷达、前视红外探测装置、光学瞄准设备、GPS+ 北斗卫星导航系统和标准数据链系统，航电性能大幅度提高。最大航程从 6000 千米提升到 8000 千米，作战半径超过 3500 千米，加上射程达 2000 千米的远程巡航导弹，具备了对美国关岛、中途岛和夏威夷群岛实施远程突袭的能力，具有重要战略意义。

冲天的飞豹 ≫

　　歼轰 –7，绰号飞豹，是由西安飞机制造厂与航空 603 研究所合作研制的双发双座超音速全天候歼击轰炸机，也是中国首架拥有自主知识产权的双座双发多用途全天候超音速歼击轰炸机，获得了国家科技进步特等奖。"飞豹"的研制成功，标志着中国航空工业终于实现了从测绘仿制到自行研制的历史性跨越。

　　歼轰 –7 飞机于 1973 年开始预研，1975 年引进斯贝 MK202 涡轮风扇发动机，1977 年 10 月 10 日正式批准立项，1977 年 11 月完成初步设计，1979 年 7 月木质样机通过审查，1982 年 4 月全面开展研制工作，1988 年 8 月首架原型机出厂，12 月 14 日成功首飞，1989 年 11 月 17 日首次

◁ 歼轰 –7A 歼击轰炸机 ▷

超音速飞行，1994 年第一批量产型歼轰 –7 装备海军航空兵第 6 师 16 团，1998 年设计定型，共制造 250 架。

1998 年 11 月，在珠海国际航空航天博览会上，"飞豹"第一次公开亮相，成为本届航展上的头条新闻。1999 年 10 月 1 日，北京举行的建国 50 周年盛大阅兵中，6 架"飞豹"组成的空中梯队，整齐地飞越天安门广场上空，接受了党和人民的检阅。

歼轰 –7 性能参数

名称	参数	名称	参数
机长	21 米	最大平飞速度	1.70 马赫
翼展	12.8 米	巡航速度	900 千米 / 小时
机高	6.22 米	实用升限	15 500 米
空重	14 500 千克	最大航程	3650 千米
正常起飞重量	27 415 千克	作战半径	1650 千米
载弹量	5000 千克	发动机型号	2×MK202 涡扇发动机

歼轰 –7A 歼击轰炸机是西安飞机制造厂在歼轰 –7 的基础上改进研制的新一代歼击轰炸机，机载航空电子设备和武器系统全面更新，具备了较强的全天候突防、对地精确打击能力。2002 年 7 月 1 日首飞，2004 年 10 月开始装备航空兵部队。是中国空军和海军航空兵远程突击作战的主力。歼轰 –7A 于 2009 年参加了 2009 "和平使命"演习，2010 年 11 月参加了第八届中国国际航空航天博览会，2013 年 7 月 27 日参加了中俄"和平使命 –2013"演习。2018 年 7 月，中国空军派出轰 –6K 轰炸机、歼 –10A 歼击机、歼轰 –7A 歼击轰炸机和伊尔 –76、运 –9 运输机等五型战机和一支空降兵分队抵达俄罗斯比赛场地，参加"国际军事比赛 –2018"、"航空飞镖"项目四个组的比赛和"空降排"项目比赛。

歼轰 –7 总设计师陈一坚，1930 年 6 月 21 日出生，福建福州人，清华大学航空系毕业，飞机设计专家。历任哈尔滨飞机厂技术员，沈阳飞机设计所设计员、研究室副主任、主任工程师，西安飞机设计研究所

◁|| 陈一坚 ||▷

工程师、总师助理、副总设计师、总设计师、副所长、代所长。航空三院校兼职教授、博士生导师，何梁何利基金科学与技术进步奖获得者，中航集团科技委顾问，中国工程院院士。

陈一坚从事飞机设计工作 40 余年，参加了歼教 –1、初教流、强 –5、运 –7、"飞豹"等十多个型号飞机的设计和研制，并担任"飞豹"飞机的总设计师。先后荣获国家科技进步特等奖 1 项、二等奖 1 项，部级科技进步一等奖 4 项、二等奖 1 项，荣立一等功 2 次。被评为陕西省和航空部有突出贡献专家、部级劳动模范，为我国航空工业的建设和发展做出了突出贡献。

劲舞蓝天的歼 –10 战斗机 >>>

歼 –10 战斗机是中航工业成都飞机工业公司自主研制的单座单发第三代战斗机，采用大推力涡扇发动机，鸭式气动布局，"一平三下"玻璃座舱，JL–10 脉冲多普勒雷达。机身下有 11 个挂架，可挂载 PL–

5E、PL-8、PL-11、PL-12空空导弹，YJ-8K反舰导弹，YJ-9反辐射导弹，LT-2激光制导炸弹，火箭弹和传统炸弹以及各种吊舱，是中型多功能、超音速、全天候空中优势战斗机。在2006年举行的歼-10与苏-27SK的对抗中，一架歼-10面对4架苏-27SK，先敌发现，先敌开火，取得了4：0的战绩。

1984年，成都飞机工业公司正式启动新型歼击机研制工程，代号"十号工程"。原型机于1994年开始建造，采用俄制AL-31FN涡扇发动机，1998年3月23日首飞，1999年12月开始进行飞行测试，2002年6月生产型首飞，2003年交付部队。同年12月歼-10双座机首飞，2004年空44师131团整建制换装歼-10战机，成为空军第一个装备该型战机的部队。主要改型有10A、10S、10B、10C、10AY和10SY等。

歼-10性能参数

名称	参数	名称	参数
机长	16.43米	爬升率	300米/秒
翼展	9.75米	实用升限	17 000米
机高	5.43米	最大航程	3900千米
空重	9750千克	作战半径	1250千米
正常起飞重量	19 277千克	发动机型号	AL-31FN/WS-10A/B
载弹量	7000千克	起飞滑跑距离	350米
最大平飞速度	2.2马赫	着陆滑跑距离	400～650米

歼-10B（猛龙）是歼-10战斗机的改进型，采用了DSI（"蚌"式）进气道，强化了隐形性和进气道强度。换装了无源相控阵（PESA）雷达、衍射平显，加装了光电瞄准系统（EOTS）、头盔式显示系统（HMDS）、红外搜索跟踪系统（IRST），新增了电子吊舱，综合作战能力明显增强。歼-10B于2004年开始研制，2008年12月首飞，2014年11月批量生产并交付部队使用。2018年11月6日，在第十二届中国国际航空航天博览会上，装配国产大推力矢量发动机的歼-10B战机首次公开亮相，

◀‖ 歼 –10 表演机 ‖▶

并多次完成眼镜蛇机动，成为目前世界上唯一一架能够完成眼镜蛇机动的鸭式布局单发战机。

"一次成功的飞行表演，胜于打下一架敌机。"这是当年周恩来总理对空军八一飞行表演队的殷切寄语。2010 年，空军八一飞行表演队换装国产三代战机歼 –10，中国成为世界上第三个使用三代机进行飞行表演的国家。飞行表演综合展示了我国主力战机的飞行性能和训练水平，体现了国家的整体实力。2013 年，八一飞行表演队首次走出国门，参加莫斯科国际航展。2015 年，参加兰卡威国际海空展、中泰空军"鹰击 –2015"联合训练闭幕式飞行表演。2017 年，参加迪拜航展，并赴巴基斯坦进行飞行表演。

歼 –10 总设计师宋文骢，1930 年 3 月 26 日出生，云南大理人，1960 年毕业于哈尔滨军事工程学院，中国工程院院士。历任中国航空工业第一集团成都研究所研究室主任、副总设计师、副所长兼总设计师，成都飞机工业公司常务副总经理兼总设计师，中航工业成都飞机设计研究所首席专家、型号总设计师。

宋文骢先后参与歼 –7、歼 –8、歼 –10 等多个机型的研制工作，担任两个国家重点型号歼 –7C、歼 –10 飞机的总设计师。是中国飞机设计

◀▎▎ 宋文骢 ▎▎▶

战术技术论证、气动布局专业组的创始人之一。在先进气动布局、航空电子综合技术、数字式飞行控制系统、计算机辅助设计和制造技术等方面均有重大突破，先后荣获国家科学技术进步二等奖、航空航天工业部科技进步一等奖。2010 年，宋文骢被评为"感动中国"十大人物。

青出于蓝而胜于蓝 >>>

歼 –11 战斗机是由沈阳飞机工业公司根据中国购买的苏 –27SK 战斗机专利及授权组装的双发多功能重型喷气式战斗机研发的，继承了苏 –27 飞机的优异特性，可有效拦截空中目标，是空军执行远程空中作战的主力机型之一。

1990 年 12 月 28 日，中国购买 24 架苏 –27SK 单座战斗机和苏 –27UBK 双座教练机的协定在北京签署。1992 年 6 月 27 日，首批 12 架苏 –27 战斗机由俄罗斯后贝加尔军区的吉达机场起飞，经蒙古领空，于当日上午 10 时 15 分安全飞抵安徽芜湖空军基地。11 月 25 日，剩余 12 架苏 –27SK 由阿穆尔河畔共青城飞机生产联合体机场直抵芜湖空军基地。

1995 年 12 月，中俄双方达成了苏 –27 生产技术转让协议。1996 年

4 月和 7 月，第二批共 24 架苏 –27SK 抵达广东湛江空军基地。同年 12 月，双方正式签署引进苏 –27 生产线的协议，由沈阳飞机工业公司在 15 年内制造 200 架苏 –27，第一批苏 –27 的机体全部由阿穆尔河畔共青城飞机生产联合体提供，后续机体逐步过渡到中国自主制造，俄罗斯提供全部 200 架飞机所需的发动机、雷达及电子设备、机载武器。

1997 年，苏 –27 生产基地建设全面展开，国产型号被命名为歼 –11。1998 年 12 月 16 日，沈飞组装的歼 –11 由空军第一试飞大队大队长付国祥成功首飞，歼 –11 生产工作取得阶段性成果。从 1998 年开始，俄方分 3 年提供了 120 套散件，由沈飞公司组装，并按照 20% 的年进度国产化。沈飞公司先后打通了总装、试飞、预总装、部装及零件制造生产线，用近 4 年时间，建立了一整套第三代重型歼击机的研制生产线，顺利通过国家验收委员会的总验收。2000 年，歼 –11 开始交付空军部队使用。其衍生型号有歼 –11A、歼 –11B、歼 –11BS 和歼 –11BH。

歼 –11 性能参数

名称	参数	名称	参数
机长	21.9 米	巡航速度	980 千米 / 小时
翼展	14.7 米	实用升限	18 500 米
机高	5.9 米	最大航程	3530 千米
空重	16 380 千克	作战半径	1500 千米
正常起飞重量	30 450 千克	发动机型号	2×AL–31F
载弹量	4430 千克	起飞滑跑距离	450 米
最大平飞速度	1400 千米 / 小时	着陆滑跑距离	620 米

歼 –11B 战斗机是在歼 –11 的基础上改进研制的，采用了国产综合火控系统、脉冲多普勒火控雷达、全玻璃化座舱、四余度数字式电传操纵系统和涡扇 –10 发动机，增加了红外搜索跟踪系统和光电瞄准系统，实现俄制和国产机载武器的混装，载弹量达到 8 吨，空战能力大大增强。

歼 –15（飞鲨）是由中航工业沈阳飞机工业公司参考 T–10K–3 舰

◁‖ 歼 –11B 飞机 ‖▷

载原型机，在歼 –11B 战斗机的基础上研制的单座双发舰载战斗机。采用 WS-10 涡扇发动机，全新设计了机翼折叠、增升装置、起落装置和拦阻钩等系统。可携带 PL-8 近距格斗弹、PL-12 远距拦射弹、YJ-91 反辐射导弹、YJ-8 空对舰导弹、KD-88 空地导弹以及"雷石"系列制导炸弹等国产机载武器，具备强大的全天候作战能力。2009 年 8 月 31 日，进行了首次陆基飞行测试。2011 年 4 月 25 日，第二架原型机进行了飞行测试。2012 年 11 月 22 日，在辽宁号航空母舰上成功进行了着舰测试和起飞测试。2013 年 6 月 18 日，再次在辽宁舰起降，并进行首

◁‖ 歼 –15 舰载机 ‖▷

◀‖ 歼 -16 多用途战斗机 ‖▶

次驻舰飞行。2013 年 12 月，正式进入海军航空兵入役验证状态。2015 年 12 月 24 日，新一批歼 -15 舰载战斗机在渤海某海域进行舰机融合训练，多架歼 -15 舰载战斗机依次完成触舰复飞、阻拦着舰等训练课目并驻舰。

歼 -16 战斗机是沈阳飞机工业公司在歼 -11 战斗机基础上参照苏 -30MKK 研制的新一代歼击轰炸机，配备了有源相控阵雷达等新型航空电子设备，可同时识别攻击多个目标，机上有 12 个武器外挂点，最大载弹量 12 吨，可挂载空地导弹、精确制导炸弹对地面目标实施精确打击，挂载 YJ-83、YJ-62 反舰导弹对海上目标进行攻击，挂载 PL-9、PL-10 空空导弹与敌进行空中较量，具备远距离超视距空战能力和强大的对地、对海打击能力。2011 年 10 月 17 日首飞，2016 年 11 月，正式装备空军。2017 年 7 月 30 日，在庆祝中国人民解放军建军 90 周年阅兵式中，歼 -16 战斗机亮相。

大国之重器 >>>

歼 -20（威龙）是中航工业成都飞机工业公司研制的第五代隐形战斗机，采用单座双发、全动双垂尾、DSI 鼓包进气道、上反鸭翼带尖拱边条的鸭式气动布局，具备优秀的超级巡航能力、过失速机动性和隐身能力。中国成为继美国之后世界上第二个走完第五代战斗机论证、设计、研发、测试、定型生产和最终服役全部阶段的国家。

　　歼-20选装了大型全景多功能显示器（MFDS）、头盔显示器系统、光传操纵系统、AESA有源相控阵雷达、光电分布式孔径传感器系统，雷达探测距离达200千米，同时跟踪30个目标，并可攻击其中4~6个目标。在机腹部位有一个主弹仓，机身两侧的起落架前方各有一个侧弹仓。侧弹舱门为一片式结构，弹舱舱门向上开启，弹舱内滑轨的前端向外探出，使导弹头部伸出舱外，直接点火发射。侧弹仓各携带1枚导弹，主弹舱有六个挂架，可携带6枚导弹。选装武器有PL-21远程空对空导弹、PL-12D/PL-15中程空对空导弹、PL-10近程空对空导弹、LS-6精确制导滑翔炸弹。歼-20具有强大的攻击力和全方位打击能力。

　　歼-20战斗机于1997年正式立项，2009年首架技术工程验证机（2001号）制造成功，2011年1月11日首飞，历时18分钟。2011年9月25日，连续三次长时间试飞，完成了绕八字、低空高速通场后大仰角拉起、开加力小半径转弯等高难度飞行动作。2012年5月12日，转场至阎良试飞院进行高级测试。2014年3月1日，2011号原型机成功首飞。2015年11月24日，2017号原型机成功首飞。验证试飞工作初步结束。2016年8月25日，首架量产型歼-20交付空军部队试用，2018年2月9日开始列装空军作战部队。2016年11月1日，在第十一届珠海航展上，2架歼20突然现身，进行了2分钟的飞行展示。2018

◀‖ 歼-20 ‖▶

年 11 月 11 日，在第十二届珠海航展上，歼 –20 战机在公开飞行展示中挂弹开仓，震撼献礼人民空军成立 69 周年。

歼 –20 是目前亚洲地区最先进的战机。美国战略与国际问题研究中心（CSIS）评价："歼 –20 的隐形性与机动性都获得了极大提高，它有潜力完成中国空军以前无法完成的空战任务，整体提升中国空军实力。"歼 –20 战机列装空军作战部队，将进一步提升空军综合作战能力，有助于空军更好地肩负起维护国家主权、安全和领土完整的神圣使命。

歼 –20 性能参数

名称	参数	名称	参数
机长	20.3 米	最大巡航速度	2.8 马赫
翼展	12.88 米	实用升限	20 000 米
机高	4.45 米	最大航程	6000 千米
空重	17 000 千克	作战半径	2000 千米
正常起飞重量	39 000 千克	发动机型号	AL–31F/WS–10B/WS–15
机载武器	8 枚导弹、航炮	雷达反射面积	0.01 平方米

歼 –20 总设计师杨伟，1963 年 5 月出生，四川资中人，毕业于西北工业大学空气动力学与飞行力学专业。历任成都飞机设计研究所九室设计员、副主任、主任、副所长、副总师、总设计师、所长，中航工业集团副总工程师、科技委副主任。十二届全国政协委员，第十九届中央委员会候补委员，中科院院士。先后获得四川省"有突出贡献专家"、中航一集团"航空报国科技尖兵"、四川省国防工业"十大杰

◀◀ 杨伟 ▶▶

出青年"、"中央企业十大杰出青年"等光荣称号，2003 年获中国青年五四奖章。

杨伟是我国新一代歼击机电传飞控系统的组织者和开拓者。2001年 1 月，担任歼 –10 双座机、超七 /FC–1 飞机和歼 –20 飞机总设计师。参与研制的歼 –10 飞机是我国第一架自行研制的、拥有自主知识产权的、适应现代作战环境的新一代歼击机，达到世界先进水平，荣获国家科学技术进步奖特等奖。

隐形的鹘鹰 >>>

歼 –31（鹘鹰），是由沈阳飞机设计研究所研制的第五代战斗机验证机，用于验证空气动力学设计、隐身外形、轻量化结构、新一代航空电子设备和先进制造等技术，以积累先进战斗机设计经验。采用双发布局、两侧 DSI 进气道、倾斜式双垂尾，配装新型发动机，具备高机动能力和短距起降能力。2012 年 10 月 31 日，歼 –31 战斗机在沈阳成功首飞，中国成为世界上第二个同时试飞两种第五代战斗机原型机的国家。

2010 年，空、海军进行了第五代战斗机方案竞标，成都飞机设计研究所的方案中标。沈阳飞机设计研究所的方案未获军方认可，决定自筹资金研制新一代战斗机技术验证机。2012 年 6 月，歼 –31 的 02 原型机运抵西安阎良中航强度研究所，进行飞机结构强度试验。2012 年 10

◀‖ 歼 –31 隐形战斗机 ‖▶

月 31 日首飞成功。2013 年 1 月 25 日进行第二次试飞，历时 40 分钟，随后试飞强度加大。2014 年 11 月 11 日，歼 –31 战斗机首次亮相第十届珠海航展并进行飞行表演，引起了国际社会的广泛关注。2016 年 12 月 23 日，歼 –31 改进型首飞成功，在隐身性能、机载电子设备、发动机、武器舱等方面进行了改进。

歼 –31 性能参数

名称	参数	名称	参数
机长	16.9 米	实用升限	18 000 米
翼展	11.50 米	最大航程	3000 千米
机高	4.8 米	作战半径	1250 千米
空重	12 500 千克	发动机型号	2×RD-93 涡喷发动机
正常起飞重量	27 000 千克	限制过载	9G
载弹量	7000 千克	起飞滑跑距离	400 米
最大巡航速度	1.8 马赫	着陆滑跑距离	600 米

歼 –31 总设计师孙聪，1961 年 2 月出生，辽宁沈阳人。1983 年 7 月毕业于北京航空航天大学飞机设计专业，中国工程院院士。历任沈阳飞机设计研究所总设计师、所长，中航工业集团副总工程师、歼 –31 总

◀▌孙聪 ▌▶

设计师。先后荣获沈阳市青年专业技术拔尖人才、国防科技工业有突出贡献中青年专家、中国航空工业有突出贡献专家、沈阳市十大杰出青年知识分子等荣誉称号。

孙聪先后承担了雷达、火控综合、飞机总体和国家重点高新工程方案论证设计任务，参加了火飞推综合设计、先进航空电子综合化系统构型、飞机总体综合设计、隐身技术等预研及重大型号与课题的研究，在飞机总体设计工作中积累了丰富的经验，成为学科带头人和青年专家。特别是在歼-8Ⅱ型飞机、歼-8ⅡM型飞机及歼11B型飞机研制中，做出了突出的贡献。荣获国防科学技术进步一等奖、二等奖各1项。

中国航空母舰工程开始后，舰载战斗机的研发同步提出。孙聪抓住机遇，提出国产舰载机方案，型号名称为歼-15舰载战斗机，孙聪被任命为总设计师。2010年5月6日，歼-15进行了首次滑跃起飞。2016年开始，随航母开展远海训练，进行了多批次空中加受油、空中对抗等训练任务。在五代机研制过程中，孙聪又以非凡的勇气和魄力，主持了歼-31隐形战斗机的研制工作。

"红剑"军演 >>>

军事训练是未来战争的预演，是最直接的军事斗争准备。仗怎么打，兵就怎么练，为了提升打赢能力，中国空军打造了"红剑"、"金头盔"、"金飞镖"和"蓝盾"四大训练品牌。

第三代国产装备逐步成体系装备部队，为空军进行较大规模的体系化空中进攻作战演练提供了物质基础，"红剑"体系对抗演习应运而生。"红剑"突出了"任务、体系、电磁、未知、对抗、检讨"，紧密结合空军部队担负的作战任务，围绕联合侦察预警、电子干扰、防空压制、火力打击、联合防空等课题专攻精练。"红剑"军演参演兵力涵盖了空军航空兵、地空导弹兵、雷达兵、电子对抗兵、通信兵、空降兵等兵种，形成了"红蓝"双方两个要素齐全的作战集团，大批指挥员、战斗员在演习中得到了锤炼。"红剑"军演也是检验、推行乃至完善空军军事战略的有效手段。中国空军正处在从"国土防空"向"空天一体、攻防兼备"转型建设的关键时期，更需要通过大型对抗性演习来验证。

现代局部战争实践表明，战争都是从空中开始的，空中战场的结果决定着整个战场的胜负。空中战场成为现代战争的主要战场，在某种情况下甚至成为唯一的战场。空军将在未来空中战场发挥主导作用，这就决定了空军对综合性的空中作战演习也将发挥主导作用。"红剑"演习经历了单一兵（机）种简单条件下对抗演练、多兵（机）种复杂电磁环境下对抗演练、全要素未知条件下体系对抗演习三个发展阶段，这也与空军武器装备体系发展相适应。未来一个时期，将迎来空军武器装备新的换装高潮。"红剑"将继续担负新装备、新战术和新战法的检验验证任务。"红剑"已经成为空军战斗力建设的一个重要平台，并以此牵引空军建设的发展，承担起维护国家空天安全的历史使命和责任。

"金头盔"对抗空战 》》》

"金头盔"对抗空战考核是空军四大军事训练品牌之一，获得"金头盔"被誉为空军歼击机飞行员的最高荣誉。2011年开始举办，每年举行一次。考核规则从同型机到异型机、从单机对抗到编队对抗、从远距中远距到中近距近距、从1对1空战到2对2空战等不断变化，难度、强度与规模逐年递增，日益贴近实战。参赛飞行员由关注队友到关注对手，由关注赛场到关注战场，练为战的训练价值观牢固确立，成为检验和磨砺部队实战能力的有效平台。"金头盔"激发了空军飞行员爱军精武的使命感和崇尚荣誉的自豪感。争夺"金头盔"之战，更是引领飞行员创新训练理念、提高实战化训练水平的"加速器"和"孵化器"。

蒋佳冀，1981年6月出生，四川成都人，1999年8月入伍，本科学历，空军特级飞行员，三次"金头盔"获得者。2016年7月被授予"全国优秀共产党员"荣誉称号。2018年12月18日，党中央、国务院授予蒋佳冀同志改革先锋称号，并被评为空军实战化创新战法的优秀代表。

2011年10月，年仅30岁的蒋佳冀首次参加空军组织的对抗空战检验性考核，面对装备占优、名气更大、经验丰富的对手，灵活运用战

◀‖ 蒋佳冀 ‖▶

术战法，最终取得单场对抗42∶0的优异成绩，荣获空军首次颁发的、象征中国空军飞行员最高荣誉的"金头盔"奖，之后又两夺"金头盔"奖，成为空军首个三夺"金头盔"奖的飞行员。

蒋佳冀紧贴实战，敢于亮剑，以过硬的能力直面挑战，研究摸索出20多套实在管用的战术战法。坚持站在一线，带头指挥、带头飞行，以自身的模范行动影响和带动部队，出色完成东海防空识别区管控等重大军事任务，创造三代机部队首次整建制入藏驻训、首次实弹训练、首次进驻即组织战斗升空等多个空军"第一"。

"金飞镖"大比武 >>>

"金飞镖"代表着中国空军飞行人员在突防突击领域的最高水平，

是空军实战化训练四大品牌之一，考核指标为"一次瞄准、一次发射"，"首攻不中，即为零分"，这项荣誉会被授予空军突防突击考核中的"突击能手"。

"金飞镖"于2014年开始举办，考核全程按实战标准组织实施，开创了多个首次，首次放开突防高度、首次全程使用实弹、首次设置难度系数、首次采用视频直播。目标加强了空中预警和防空系统，具备多层防御能力，飞行人员必须驾机突破层层拦截，最终完成一次进入、一次瞄准、一次攻击，并且要求飞行人员在规定时限、角度完成战斗动作。根据未来军事斗争准备需要，又在比赛中增加了海上科目、移动目标以及对侦打一体无人机、预警机和电子干扰飞机的攻击科目，强调对侦察、搜救、保障等多种能力的考核以及对付多元化威胁，更加贴近实战。

"蓝盾"演习 >>>

"蓝盾"演习是空军部队实战化训练"四大品牌"之一，突出"侦察、打击、防护"综合集成训练，是地面防空兵为了适应未来作战样式，打造的防空反导一体化训练模式，演习更加注重聚焦实战，将防空作战

◀◀ "蓝盾"演习 ▶▶

细分为"进驻就打""夜间紧急机动作战""空地对抗""野战地域通信网构建"等12个竞赛课目，成为磨砺防空反导作战能力的重要平台。

2018年6月5日凌晨，华北某地，来自陆军、海军、空军、火箭军等军兵种的多个防空火力单元，经过铁路、水路、公路等方式远程机动到达任务地域后，一次性全部完成战斗准备。随着一声令下，数枚导弹直刺夜空，多批次来袭目标被成功拦截，空军"蓝盾-18"多军兵种地面联合防空演习正式拉开帷幕。整个演习分"远程投送、指挥推演、实兵演练、实弹检验、总结归建"5个阶段，包括兵力投送、进驻就打、作战筹划、空地对抗等10多项训练内容，为多军兵种一体化联战联训摸索经验。此次"蓝盾"演习，着眼新体制下空军空防作战使命任务，锤炼提升跨军兵种协同作战能力和空防基地作战指挥能力。

远洋训练 >>>

2015年3月，中国空军首次组织战机飞越巴士海峡赴西太平洋开展远海训练，战机到达预定地点后，当天返航，圆满完成了训练任务。2015年5月，空军再次赴西太平洋展开远海训练，与首次远海训练不同的是，这一次穿越的是宫古海峡，同年8月、11月空军又进行了两次远海训练，大致保持一季一训的频率。2016年7月，中国空军组织轰-6K、苏-30等多型战机赴南海，对南沙岛礁和黄岩岛空域进行战斗巡航。2016年9月12日，中国空军组织轰炸机、歼击机、预警机、加油机等多型战机，飞经巴士海峡赴西太平洋进行远海训练。"空警-2000"率先出动，发现并提供海上和空中的目标信息，苏-30负责夺取制空权，轰-6K则执行攻击任务，空中加油机全程保障。一天之内，相继完成了侦察预警、海上巡航以及空中加油等课目的训练，大大提高了空军综合作战能力。2016年9月20日，空军组织轰-6K、苏-30、加油机等多型战机成体系飞越宫古海峡到达西太平洋进行远海训练。

2017 年 12 月 11 日，中国空军出动轰 –6K、苏 –30、歼 –11 和侦察机、预警机、加油机等多型多架战机，飞越宫古海峡、巴士海峡，开展"例行性常态化体系远洋训练"。其中"绕岛巡航"训练受到外界的广泛关注，它展示了人民空军维护国家主权和领土完整的坚定决心和意志。空军航空兵某师轰 –6K 机长翟培松表示："这次绕岛巡航，我们用战神的航迹丈量祖国的大好河山，除了自豪，更多的是自信。改革开放、强军兴军，我们的战机更先进了，飞行员的'翅膀'更硬了，有自信和胆气应对任何挑战。宝岛在祖国怀中，祖国在我们心中。捍卫祖国的大好河山，是空军飞行员的神圣使命。"

2018 年 5 月 11 日，空军出动轰炸机、战斗机、预警机、侦察机等多种机型双向绕飞台湾岛。苏 –35 战机首次参加"绕岛巡航"，与轰 –6K 战机编队飞越巴士海峡，两个战区空军协同实施，多型号、多架次战机混合编组，成体系进行双向绕岛，兵力密度、实施难度比以往有了大大提高。此次双向绕岛，出动了轰 –6K、空警 –2000、苏 –35、歼 –11、图 –152 电子战机，完全是未来作战的标配。

随着武器装备的更新换代，中国空军活动范围由陆地向远海远洋延伸，兵力运用从单一平台向构建体系发展，应对各种威胁更加自信。前出第一岛链、飞越多个海峡、展翅西太平洋，战机航迹不断远伸，体系能力越练越强，成为有效塑造态势、管控危机、遏制战争、打赢战争的重要力量。

八、大飞机三剑客

新中国的航空工业从"引进"起步，靠"仿制"起家，经过几代航空人的不懈努力，初步建立了相对完善的航空制造体系，具备了独立研制、生产各型飞机的能力。回顾中国民用飞机的发展历程，可以说是一波三折。2世纪50年代至70年代是我国航空工业发展的黄金时期，运-5、运-7、运-8飞机相继仿制成功并批量生产。运-5飞机堪称一代神机，1957年底首飞，至今仍活跃在通用航空领域。运-7飞机是我国第一种正式投入运营的国产运输机，填补了中短程运输机的空白。运-8飞机目前仍是中国空军的主力运输机之一，也是多型特种飞机的改装平台。1980年9月26日，运-10飞机在上海大场机场成功首飞，实现了中国在大型商用客机上"零的突破"，中国航空制造业与世界先进水平的差距一下子从30年缩短至15年。然而好景不长，由于各种原因，运-10项目很快下马，中国航空运输业开启了近30年的"外购"模式，各航空公司成了国外飞机制造商的"宠儿"，中国的天空上基本看不到国产飞机的身影，航空制造业停滞不前，与国外的差距越来越大。2008年5月11日，中国商用飞机有限责任公司在黄浦江畔成立，"大飞机"项目正式上升为国家战略。2017年5月5日，承载着国人航空梦想的大型商用客机"C919"在上海浦东机场成功首飞，中国航空业再次开启了自主研发的艰难历程，相信在不久的将来，蓝天中将有越来越多的国产飞机展翅翱翔，中国人的航空梦终将实现。

双翼神机 >>>

运-5运输机是由南昌飞机制造厂按照苏联安东诺夫设计局设计的安-2飞机仿制生产的多用途单发双翼运输机。1957年12月7日首飞，

1957 年 12 月 24 日通过国家鉴定委员会组织的技术鉴定，1958 年开始批量生产，共生产 728 架。1970 年 5 月，转产到石家庄飞机制造厂，截止到 1985 年底又生产了 215 架。运 –5 及其改型总共生产超过 1000 架。

运 –5 飞机采用半硬壳式金属结构、后三点固定式起落架、普通双翼气动布局，起落架使用大行程油液减震器和低压轮胎，可以在简易跑道上起落。动力装置为一台九缸星形气冷式活塞发动机，额定功率为 603 千瓦。低空性能好，使用维护简单，安全可靠，目前仍活跃在灭蝗杀虫、播种、施肥、森林防护灭火、地质勘查、探矿、医疗救护、客货运输和跳伞运动等领域，被誉为一代神机。

◁◁ 运 –5 飞机 ▷▷

运 –5 甲是在运 –5 飞机的基础上改装设计的 5 座客机，1958 年试制成功，主要用于空军。1959 年试制成功 11 座民用客机。两种机型同步鉴定并投入成批生产，共生产 114 架。

运 –5 乙是根据苏方图纸仿制的农业机，1958 年试制成功投入批量生产，共生产 229 架。

运 –5 丙是根据海军要求，利用苏联铝合金结构浮筒改装的水上飞机，1964 年在青岛试飞成功。1965 年起自行设计玻璃钢浮筒，1967 年 8 月完成研制试飞，共生产 6 架交付海军使用。

运 –5 丁是为空军领航、轰炸人员改装设计的领航轰炸教练机，

1962 年试制成功投入批量生产，共生产交付 116 架。

运 –5B 飞机是由石家庄飞机制造厂改进设计的空海军部队运输、跳伞、训练用的主力机型。1986 年开始研制，1987 年取得了中国民航局适航部门颁发的补充型号合格证，1989 年 6 月首飞成功，转入批量生产，陆续交付用户使用。

运 –5C 飞机是为空军部队设计生产的运 –5 后继机，其最大特点是带有翼梢小翼，以有效提高飞机的飞行性能。同时换装了 TKR–123 超短波电台、WL–7 无线电罗盘、265 无线电高度表、XS–6B 信标机、JT–9W 机内通话器、GPS150XL 全球卫星定位系统等航空电子设备，飞机垂尾顶部加装了夜航防撞灯，使飞机导航系统更加完善，有利于长途转场和航线飞行。1996 年通过技术鉴定，空军首批采购 24 架，首架飞机于 1997 年交付部队。

运 –5 电子战飞机是在运 –5 飞机的基础上改装的电子干扰飞机，主要用于雷达分队反干扰训练以及部分电子对抗装备性能试飞。每架飞机装备米波和分米波侦察干扰设备近 20 部，干扰对象为米波波段对空情报雷达。

运 –5 性能参数

名称	参数	名称	参数
机长	12.688 米	最大平飞速度	256 千米 / 小时
上翼展	18.176 米	巡航速度	160 千米 / 小时
下翼展	14.236 米	实用升限	4500 米
机高	6.097 米	最大航程	1560 千米
空重	3367 千克	动力装置	ASz–62IR 活塞发动机
最大起飞重量	5250 千克	起飞滑跑距离	150 米
最大载重	1500 千克	着陆滑跑距离	170 米

经典永流传 >>>

运 –7 运输机是由西安飞机制造厂参照苏联安 –24 型飞机研制生产

的双发涡轮螺旋桨中短程运输机。1970年12月25日首飞，1984年1月23日取得中国民用航空总局颁发的适航证，1986年5月1日正式交付民航投入客运服务。运−7飞机是中国第一个正式投入运营的国产运输机，填补了中短程运输机方面的空白，曾荣获国家科技进步二等奖，为民航和军事运输的发展做出了贡献。运−7采用大展弦比的平直上单翼、单垂直尾翼和低水平尾翼气动布局。两台涡桨5A−1涡轮螺旋桨发动机，单台功率2132千瓦。为了提高飞行性能并降低油耗，运−7−200A型换装了加拿大普惠公司的PW−127C涡轮螺旋桨发动机。

运−7−100型飞机在原型机的基础上对电子设备、空调系统、内部装饰进行了改进，加装了翼梢小翼，增加失速警告系统。驾驶舱采用三人体制，载客达到52人。可以满足复杂气象条件下起飞、航行和进场着陆的要求。1987年投入运营，一度形成超过50架的市场保有量，但因故障率较高，造成运营成本居高不下，逐渐退出主流客运市场的竞争。

运−7−200A型飞机在整机结构、机载设备、动力装置、飞行控制、驾驶体制、座舱布局等方面都有重大改进，采用2人驾驶体制，机身

◀‖ 运−7飞机 ‖▶

加长 1 米，载客量增至 56 ~ 60 人。动力装置采用美国普惠公司生产的 PW–127C 三轴自由涡轮式发动机和美国汉密尔顿公司的 247F–3 四叶复合材料螺旋桨，油耗和噪音水平显著降低，提高了飞机的经济性和舒适性。大量采用成熟技术，结构减重达 1000 千克，可靠性、经济性、维护性得到了很大提高。1993 年 12 月 26 日首飞，1998 年 5 月取得中国民用航空总局颁发的型号合格证。

运 –7–200B 是 200A 的改进型，换装了机载电子设备，2 台涡桨 –5E 发动机，加长了机身，增大了货舱容量。采用 3 人驾驶体制，载客达到 52 人。

运 –7–H500 飞机在运 –7–100 飞机基础上改进设计，采用涡桨 –5E 发动机，3 人驾驶体制，全气密型货舱，配备新型通讯导航电子设备和自动驾驶仪，跑道适应能力强，具有高温、高原满载起飞以及全天候飞行的能力。后舱配备自动收放的货舱门、电动绞车系统和液压传输装置，可执行货运、救护和空投等任务。

新舟 60（MA–60）是西安飞机工业公司在运 –7 基础上，按照中国民航 CCAR–25 标准研制生产的双发涡轮螺旋桨支线客机。采用美国普惠公司的 PW–127J 涡桨发动机、汉密尔顿 247F–3 全复合材料四叶螺旋桨、柯林斯公司 APS–85 自动驾驶系统、盖瑞特公司 APU 辅助动力装置、

◀‖ 新舟 –60 飞机 ‖▶

气囊式除冰系统、联信公司 KHF950 短波 / 单边带电台，能够满足 II 类盲降要求。为了提高舒适性，客舱内装饰与国际接轨，提高了内装饰效果与水平。1999 年 9 月，投入试运营。截至 2008 年 3 月，新舟 60 飞机已累计签订购机合同和意向订单 118 架份。

新舟 60 性能参数

名称	参数	名称	参数
机长	24.7 米	最大平飞速度	514 千米 / 小时
翼展	29.2 米	巡航速度	430 千米 / 小时
机高	8.85 米	实用升限	8750 米
空重	14 000 千克	最大航程	2600 千米
最大起飞重量	21 800 千克	动力装置	2×PW–127J 涡桨发动机
最大商载	5500 千克	起飞滑跑距离	546 米
标准客座数	52	着陆滑跑距离	620 米

新舟 600（MA600）是西安飞机工业公司研制生产的双发涡桨支线飞机，2008 年 6 月 29 日首架总装下线，2008 年 10 月 9 日成功首飞，2009 年投入运营服务。与新舟 60 飞机相比，新舟 600 飞机在维护性、操控性、经济性、舒适性等方面都得到了显著提高。

新舟 700 飞机是西安飞机工业公司研制的全新涡轮螺旋桨支线飞机，2013 年 12 月 19 日开始研制，采用高效的空气动力设计技术、智能化管理系统、先进的驾驶舱综合技术、节能高效的涡桨推进系统和首次应用于涡桨支线飞机上的电传操纵技术，具备 600 千米 / 小时以上的巡航速度和 13 分钟爬升到巡航高度的能力。

运 –7G 型军用运输机在"新舟"60 运输机基础上换装了国产涡桨 –5E 发动机、复合材料螺旋桨和国产电子设备，用于执行人员和物资运输任务。

运 –7 长航程飞机加装了剪切翼梢，以减小诱导阻力，提高升阻比，使起飞重量、单发升限、航程有较大的提高。机翼下可加挂两个 800 升油箱或 1400 升副油箱，载油量由 4.7 吨增加到 7.5 吨。采用了低油耗涡桨 –5E 发动机和高效率、低噪声的 J16AG10A 螺旋桨，满油航程达到 4000 千米。1998 年 7 月开始研制，1999 年 12 月 25 日首飞，2001 年 3 月 1 日完成验证试飞，主要用于执行海岸警戒、预警、边界巡逻、海上搜索救援、污染监控、反走私及偷渡、海上运输护航和巡逻反潜等任务。

运 –7J 型军用运输机是根据空军要求研制的，采用全金属半硬壳式结构、部分气密式机舱、可收放货舱门，并安装了完整的通信、导航、航行仪表和军械设备。1988 年 11 月 25 日首飞，1991 年 12 月 28 日设计定型交付部队使用。

1986 年 5 月 1 日，运 –7 飞机正式交付并投入运营，打破了外国飞机对中国民航客运的垄断。截至 1997 年，运 –7 飞机共交付 120 架。运 –7 飞机为中国运输机的研制工作积累了宝贵经验。首次完成了国外飞机的全面测绘工作；首次完成了涡轮螺旋桨发动机的研制；首次对飞机机体进行静力试验和金属疲劳试验；首次进行飞机空气动力实验；首次进行单发试飞试验。通过对运 –7 飞机的研制和使用，总结出了全套的运输机设计制造流程和理论，取得了宝贵的经验，对中国后续设计制造大飞机产生了深远影响。

特战平台 >>>

运 –8 运输机是参照苏联安东诺夫设计局的安 –12 运输机研制的四发涡轮螺旋桨中程运输机，可用于空投、空降、运输、救生及海上作业，是中国空军主力运输机，是主要特种飞机的改装平台，先后研制了预警、电子战、指挥控制、海上巡逻等专用飞机，在国防和国民经济建设中发挥了重要的作用。

1968 年 12 月，总参谋部、国防工办确定测绘仿制苏联安 –12 飞机，由西安飞机制造厂负责测绘，并组织生产。1969 年 2 月，总参谋部调

◀‖ 运 –8 飞机 ‖▶

一架安 –12B 给工厂作为测绘仿制样机。西安飞机制造历时 2 年多完成了测绘设计。1971 年，首批 3 架投入生产，1974 年 12 月 25 日，运 –8型 01 号机首飞成功。1970 年，陕西开始三线建设，在汉中地区建设陕西飞机制造厂，作为运 –8 运输机生产基地。经过努力，运 –8 型 02、03 号原型机分别于 1975 年 12 月、1977 年 1 月试飞成功。1980 年，运 –8通过设计定型，投入批量生产。1985 年，运 –8 运输机荣获国家科学技术进步一等奖。

运 –8A 是为满足 S–70 黑鹰直升机快速部署而研制的黑鹰载机，其翼后货舱加高到 2.72 米。1985 年试飞成功，同年将黑鹰直升机空运进入西藏。

运 –8 性能参数

名称	参数	名称	参数
机长	34.02 米	最大平飞速度	662 千米 / 小时
翼展	38.0 米	巡航速度	550 千米 / 小时
机高	11.16 米	最大航程	3440 千米
空重	35 488 千克	动力装置	4×WJ–6 涡桨发动机
最大起飞重量	61 000 千克	起飞离地速度	238 千米 / 小时
最大商载	20 000 千克	下降着陆速度	240 千米 / 小时

运 –8B 是在运 –8 的基础上改装设计的民用飞机，取消了尾炮塔、军械设备、照相设备、装甲钢板和空降设备，增加了部分民用飞机所需

设备，重新设计尾舱，改装后的飞机总重减轻 1.72 吨，提高了航程和有效载荷。1985 年 11 月试飞成功。1986 年 2 月开始交付，共生产 2 架。

运 –8C 是中国空军运输机群的主力机型，引进了美国洛克希德货舱门密封和空调技术，货舱改为全气密型。1990 年试飞成功，1993 年设计定型。主要用于空运货物、人员和空投货物。该机取消了机身油箱，载油量减少近 8 吨，航程下降 2000 千米，空运能力大大降低。

运 –8D 为出口型，在货舱内增加了简易座椅，对导航、通讯和雷达等设备进行了改进，加装了 Collins 公司的飞行指引系统、大气数据系统、近距导航和着陆系统、比较告警系统、空中交通管制应答机和超高频电台，Honeywell 公司的磁航向基准系统、垂直陀螺和彩色气象雷达，Litton 公司奥米加 / 甚低频全球导航系统，Bendix/King 公司高频通信系统，Sundsstrand 公司飞行记录仪、座舱音频记录仪，电子设备达到了国际 20 世纪 80 年代末期水平。

运 –8E 是根据空军要求研发的无人机载机，其机翼下的特制梯形挂梁上可挂载 2 架"长虹 –1"无人攻击机，由位于前密封舱的操纵台控制。

运 –8F 是在运 –8 的基础上进行重大改进的货运飞机。1993 年 12 月获得中国民航局颁发的型号合格证，1994 年 12 月取得生产许可证，是中国第一个取得型号合格证的货运飞机。运 –8F100，1995 年 7 月取得中国民航局颁发的型号合格证，1995 年 11 月取得生产许可证。该机具备在复杂、恶劣条件下全天候安全飞行的能力。运 –8F200 是针对集装箱运输改进的货运飞机，可装运 4 个 2.4 米 × 3.2 米或 2.2 米 × 3.2 米标准集装箱，该机于 1997 年 7 月取得中国民航局颁发的型号合格证。运 –8F400 换装了先进的、集成度更高的航电设备，将五人驾驶体制改为三人驾驶体制，具备更高的可靠性和安全性。机上配备一台手动梁式吊车，最大起吊重量为 1000 千克，可实现散装货物的装卸。

高新-1是为空军研制的基于运-8平台的电子支援侦察飞机，机上加装了电子支援侦察系统和合成孔径雷达，主要执行战场探测和对地精确成像任务，为攻击机提供目标指示和引导，是中国早期电子战的中坚力量。

高新-2是为海军研制的基于运-8平台的海上巡逻与反潜机，机上加装了加拿大生产的AN/APS-504（Ⅴ）搜索雷达、LN-72惯导系统、LTN-211奥米加导航系统，以及国产声呐浮标及音响接收处理系统、红外搜索系统、侦察照相机、红外照相机、全向雷达告警系统和干扰物投放架。

高新-3是为空军研制的基于运-8平台的电子情报侦察飞机，机身两侧增加了大型天线阵列，配备KZ-800大型机载电子侦察系统，用于搜索、截获地面和水面雷达发射的无线电信号，并能对信号进行精确测量分析，显示和记录截获的信号特征。当飞行高度为1万米时，可侦测600～800千米范围内的电台。机上还装有红外探测器和前视雷达，探测距离达300千米，可在一定距离内分辨出数米长的物体。并可根据战场需要，对截获的电磁信号进行相同频率相同波段的干扰，大大提高了中国军队的电子战能力。

高新-4是为空军研制的基于运-8平台的战场指挥飞机，机上装备机载战场指挥控制系统，主要用于空－空和空－地信息交换，对战场各作战单元进行统一的指挥和协调。该机浑身上下布满刀型和鼓包电子天线，俗称"刺儿头"。可以接收各种频率各种波段的电子信号，经过机载大型中央处理器的处理后，通过实时数据链传递给各级战场指挥员以供战术决策之用。

高新-5是为空军研制的基于运-8平台的预警机，即空警-200。机上装备平板天线相控阵雷达，俗称"平衡木"。该机的研制成功对维持中国空军作战能力的完整性和自主性具有重要的战略意义。

◀◀◀ 空警 –200 飞机 ▶▶▶

　　高新 –6 是在空警 –200 预警机的基础上改型研制的海上巡逻机，机上装有水面搜索雷达等传感器设备，主要用于执行海上巡逻任务。

　　高新 –7 是基于运 –8 平台的心理战飞机，机上装有导航系统、防护系统和广播电视发射系统，能以标准的 AM、FM、HF、电视和军事通讯波段来执行心理作战和民政事务中的广播任务。

　　高新 –8 是基于运 –8 平台的电子情报飞机，可以为飞行编队的指挥员提供有关敌方军事力量、战术态势的实时信息，通过对情报数据的分析，确定侦察区域的战术环境，并将相关信息尽快传送到上级领导机关，以便各级决策者可以针对关键情况做出决策。

　　高新 –9 是基于运 –8 平台的警戒引导飞机，机上配有"空中霸王"机载雷达系统和数据链系统。当飞机在 1000 ~ 3000 米高度飞行时，仰视对空探测距离为 85 千米，俯视对空探测距离为 110 千米，对海面目标的探测距离则能达到 240 千米，可同时储存及更新 100 个空中目标和 30 个海上目标的资料。其典型特征是机头有一个异乎寻常的"大鼻子"，可在舰载雷达作用距离之外探测到水面目标，通过数据链将搜得的信息传送到空中、水面及水下作战平台。

　　高新 –10 是基于运 –8 平台的雷达测试机，主要用于机载雷达和机载设备测试，在中国新型战机的发展中扮演了重要的角色。

　　运 –8 系列飞机已发展到 30 多种机型，是中国最大的中程中型多用途运输机，可用于空运、空投、空降、救生、海上作业及特种作战等多种用途，不仅装备了陆、海、空航空兵部队，还满足了国内邮政航空、民航市场的需求，并出口到斯里兰卡、缅甸、津巴布韦、苏丹、委内瑞拉等国家，在国防建设和经济发展中发挥了重大作用。

运-8总设计师欧阳绍修，1956年6月生，1978年毕业于西北工业大学导弹飞行力学专业。中航工业陕飞集团副总经理、总设计师，运八系列飞机总设计师、空警-200总设计师，南京航空航天大学、北京航空航天大学兼职教授。先后荣获中航集团科技进步一等奖4项、二等奖5项、三等奖1项，国防科工委、中航第二集团公司一等功4次、二等功1次、三等功2次，陕西省先进个人，中航集团有突出贡献中青年专家，国防科工委有突出贡献中青年专家，

◀‖ 欧阳绍修 ‖▶

国家级有突出贡献专家，国防科技工业"511人才工程"学术技术带头人，部级劳动模范，"航空报国"金奖获得者，并入选国家人事部百千万人才库名单。

空警-200是陕飞历史上规模巨大、工作量繁多、技术难度极大的系统工程，这项艰巨的任务落到了当时已是技术带头人的欧阳绍修的肩头。欧阳绍修最大的心愿就是带领团队研制出具有国际水平的先进飞机。为了实现这个目标，他带领设计人员开始了艰难的探索。他们采用先进技术进行创新设计，精心准备方案论证、细节设计、工艺准备、生产试制、试验试飞、设计鉴定等一系列工作，短短20个月，相继完成了《立

项论证报告》、《研制总方案》和《改装方案》编写，顺利通过了立项、方案评审、细节设计评审。他们先后编制了 40 余份设计方案、66 份顶层文件，开展了全部固定翼飞机专业的设计和改进工作，攻克了 12 项重大关键技术，进行了 47 项设计和工艺试验、10 项大型飞行试验，累计飞行 2200 架次。2009 年国庆阅兵，空警 200 作为我国完全自主研发的中远程预警机首次公开亮相，震惊世界。它创造了我国航空制造史上的七个第一，也使中国成为世界上第五个有能力制造预警机的国家。

令人遗憾的下马 >>>

运 –10 客机是由上海飞机制造厂研制的四发大型喷气式客机，也是中国首次自行研制、自行制造的大型喷气式客机。

1970 年 8 月，国家计委、军委国防工业领导小组向上海下达了试制生产大型客机的任务。1973 年 6 月，国务院、中央军委联合发布《国发 77 号》文件，明确大型客机的研制工作由上海市统一领导，并负责组织实施，技术业务由三机部负责归口领导。确定以三机部、航空研究院、空军来沪的 600 多名设计人员为基础在上海组建大型客机设计院，具体负责运 –10 的研制工作。零批试制 3 架样机、12 台发动机；将空军 5703 厂下放给上海市；同意海军航空兵和 5703 厂共享大场机场，有

运 –10 飞机

关机场跑道延伸和总装厂房等建设由上海市负责。周恩来总理亲自领导了运 –10 飞机的早期研制工作，1973 年有人提出买英国的 VC–10 客机专利进行试制，周总理在 1974 年 2 月批示，"同意不买这种专利，我们进口飞机品种已够多了"，保证了自行研制运 –10 不受干扰。来自中央各部委、军队及全国 21 个省、市、自治区的 262 个单位共同参与了运 –10 的研制工作。

运 –10 的气动设计吸收了来自英国的技术，结构设计和系统综合参考了来自美国波音 707 的技术。1975 年 6 月，运 –10 的设计图纸全部完成，共发图 143 000 标准页，同时，仿制美国普惠 JT3D–7 涡扇发动机的国产涡扇 –8 发动机在上海完成。1976 年 9 月，运 –10 静力试验机制造完成。1978 年 11 月 30 日完成了全机静力破坏试验。1980 年 6 月，运 –10 飞行试验机制造完成，8 月，飞机操纵、液压、燃油、航电四大系统的模拟试验全部完成。1980 年 9 月 26 日，运 –10 飞机在上海大场机场进行首次试飞。飞行时间为上午 9 时 37 分至 10 时 05 分，起飞重量 80 000 千克，不收起落架和襟翼，飞行高度 1350 米，速度 310 ~ 330 千米 / 小时，绕场两周后着陆，运 –10 首飞成功。与运 –10 同步研制的涡扇 –8 发动机装在波音 –707 上进行了飞行试验，实现了中国大型商用涡扇发动机"零的突破"。

性能参数

名称	参数	名称	参数
机长	42.933 米	最大巡航速度	974 千米 / 小时
翼展	42.242 米	经济巡航速度	917 千米 / 小时
机高	13.420 米	最大巡航高度	12 000 米
空重	58 000 千克	最大航程	8300 千米
最大起飞重量	110 000 千克	动力装置	4×WS–8 涡扇发动机
最大商载	15 000 千克	起飞滑跑距离	2318 米
座位数	124、149、179	着陆滑跑距离	2143 米

1981 年 12 月 8 日，运 –10 首次转场北京做飞行表演。1983 年 4 月

25 日，运 –10 转场试飞到哈尔滨，航程 1840 千米。1983 年 11 月 4 日，运 –10 进行了最大起飞重量 110 吨、商载 15 吨、航程 3680 千米转场乌鲁木齐的长途试飞。1983 年 12 月 23 日，运 –10 转场广州，为外贸公司运送了 13 吨出口商品。1983 年 12 月 29 日，运 –10 从广州转场至海拔 1900 米的昆明，当时正值大雪天气，运 –10 经受了气候变化的严峻考验。1984 年 1 月 31 日，运 –10 首次从成都飞到海拔 3540 米的拉萨市，此后又连续六次带商载进藏。从 1980 年到 1984 年，运 –10 共飞行了 130 多个起落、170 多个飞行小时。

运 –10 比欧洲空客起步晚两年，成功试飞后，中国成为世界第四个掌握大型飞机设计制造的国家。运 –10 飞机上本体原材料，包括所有的高强度钢材、铝合金板材、型材和大型锻件，100% 国产，起落架完全国产，机载附件 95% 国产化。运 –10 飞机的试飞成功，填补了中国航空工业的空白。在设计技术上，运 –10 在十个方面实现国内首次突破。在制造技术上，有不少新工艺是国内首次在飞机上使用。经过大量试验和试飞实践，证明运 –10 飞机具有较好的操稳特性和安全性，它不易进入尾旋并易于改出尾旋；具有较好的速度特性，其阻力发散马赫数优于同类飞机；具有较好的机场适应性，有较大的发展潜力，可改作客货两用机或军用运输机。通过运 –10 飞机的研制，共取得有应用价值的成果 147 项，其中获得部、市级以上重大科技成果奖 36 项。运 –10 飞机还获得 1986 年上海市科学技术进步一等奖。

运 –10 飞机上天在国内外引起很大的反响。《世界经济导报》曾报道："运十飞机研制成功，使中国民航工业同世界先进水平差距缩短了十五年。"1980 年 5 月，美国波音公司副总裁斯坦因纳在《航空周刊》上发文称："运 –10 不是波音 707 的翻版，更确切地说，它是该国发展其设计制造运输机能力的十年之久的锻炼。"1981 年 12 月 12 日，美国道格拉斯公司前总裁布里逊达因在《国际先驱论坛报》上指出："中国能自行设计制造运 -10 飞机，这是一个飞跃性进步，它表明中国飞机制造技术已具有相当水平。"

1986 年，财政部否决了 3000 万元人民币研制费用预算，运 -10 研制计划终止。运 -10 项目的下马，瓦解了中国的大飞机研发配套能力，产业链也就随之断了。中国从此丧失了民用客机的产品开发平台，导致中国民用航空技术能力的长期停滞和倒退。

运 -10 总设计师马凤山，1929 年 5 月出生，江苏无锡人，上海交通大学航空工程系毕业，研究员级高工。历任哈尔滨飞机制造厂技术员、检验科副科长、设计室副主任，西安飞机制造厂设计科副科长、设计所副所长，708 设计组副组长，708 设计院副院长，上海飞机研究所副所长、总设计师、所长、科技委主任。中国航空学会理事，上海航空学会常务理事和气动力委员会主任，航空航天工业部干线飞机总设计师顾问，自然科学研究员，国家级有突出贡献的科技专家。

马凤山先后参加松花江 1 号小旅客机、和平 401 号短程喷气客机、和平 402 号涡桨客机、轰 6 飞机、运 8 飞机、运 10 飞机设计工作，是我国第一架大型喷气客机的总设计师，第一支民用飞机设计国家队和第一项大规模民用飞机研制系统工程的主要组织领导者，民用飞机适航技

◁‖ 马凤山 ‖▷

术研究和型号适航工作的先行者。

1959 年赴苏联考察期间，马凤山写下了《马凤山笔记》，包括《图–16 飞机的静力试验考察报告》、《图–16 飞机强度计算原始数据总结报告》及《从图–16 改为图–104 的结构考察报告》，为我国轰–6 飞机进行强度计算、确定原始数据及编制静力试验任务书提供了依据，为研制我国大型喷气客机提供了参考。

开始走向世界的中国民用飞机 >>>

运–12 运输机是由哈尔滨飞机制造公司研制的轻型双发多用途运输机。采用新型翼型，黏合结构和整体油箱，斜撑杆式直线形上单翼，上掠式后部机身，大型背鳍、尾锥下腹鳍，PT6A 三桨叶涡轮螺旋桨发动机。可用于客货运输、空投空降、农林作业、地质勘探，也可改装成电子情报、海洋监测、空中游览和行政专机。

运–12 是哈尔滨飞机制造厂在运–11 基础上自筹资金研制的小型涡桨运输机，最初命名为运–11T。经过设计方案论证、风洞吹风试验和多轮性能强度计算后，于 1979 年底确定了总体设计方案，1980 年 10 月完成了全机的设计图纸。1981 年完成了试制所需工艺装备的设计和制造，首批投料试制三架原型机。1982 年 3 月完成了用于静力试验的

◀‖ 运–12 飞机 ‖▶

01 号原型机的总装，同年 6 月底顺利通过了全机静力试验和其他系统地面模拟试验，7 月 14 日，02 号原型机首飞成功，随后开始长达两年、1100 多飞行小时的试飞定型。1983 年 1 月 31 日，航空工业部批准运 –11T 型飞机立项研制，型号改为运 –12，正式列入航空工业部的研制规划，12 月 17 日通过了由航空工业部和地质矿产部联合组成的鉴定委员会的技术鉴定。1984 年 2 月 29 日，运 –12 从哈尔滨直飞北京，途中在河北承德进行了山区地形作业适应性试飞。3 月 17 日，运 –12 在首都机场进行了飞行表演，得受到了国务院各部委负责人以及其他参观者的好评。1985 年，运 –12 取得了中国民航局颁发的民用飞机型号合格证，1986 年取得生产许可证。1987 年，获国家重大技术装备优秀项目奖，1988 年获国家科技进步一等奖。1987 年，运 –12 飞机开始申请英国 CAA（英国民用航空总局）适航证。英国民用航空总局对运 –12 飞机进行了两年的审查和试飞试验，并通过了合格审查，1990 年 6 月 20 日正式颁发了 CAA 型号合格证。这是中国民用飞机第一次取得国外适航机构颁发的型号合格证，运 –12 飞机适航达到了国际标准。随后，又获得了美国联邦航空局（FAA）的适航证，成为中国获得英、美适航认可的机种。现已累计交付 200 余架，在近 30 个国家和地区运营。

运 –12 Ⅰ 为运 –12 系列原型机，选用 PT6A–10 涡桨发动机，单台功率 349 千瓦，后改用 PT6A–11 涡桨发动机，单台功率 367.7 千瓦，首次采用美国适航条例作为设计规范，于 1984 年 12 月 17 日通过技术鉴定，仅生产两架原型机。

运 –12 Ⅱ 为运 –12 系列首批量产型，为 17 座客机。1984 年 5 月首飞成功，动力装置为 2 台 PT6A–27 涡轮螺旋桨发动机，单台功率 462 千瓦，1985 年 12 月 24 日获得型号合格证，1986 年 12 月获得生产合格证，1990 年 6 月获得英国民航局型号合格证。

运 –12 Ⅲ 为运 –12 军用型，主要用于伞兵训练。换装了国产涡桨 –9

发动机，采用了国产电子设备。机上加装了跳伞钢索、跳伞信号灯等跳伞及空降装备，取消了全部旅客座椅，安装了简易伞兵座椅，可运载17名全副武装的伞兵进行空降，也可以用于空投军用货物和小型装备。

运–12Ⅳ是在运–12基础上研发的一种轻型多用途飞机，采用双发、上单翼、剪切翼尖、单垂尾、固定式前三点起落架的总体布局，可在简易跑道上起飞和着陆，在白天和夜间按目视飞行和仪表飞行规则使用。适用于客货运输、人工增雨、农林作业、海洋监测、地质勘探、航空测量、空投空降、航空救护、航空旅游等多种用途。运–12Ⅳ获得中国民航局（CAAC）颁发的型号合格证和美国联邦航空局（FAA）颁发的型号合格证。

◁‖ 运–12Ⅳ飞机 ‖▷

运–12Ⅳ性能参数

名称	参数	名称	参数
机长	14.86 米	巡航速度	292 千米 / 时
翼展	17.235 米	实用升限	7000 米
机高	5.575 米	航程	1340 千米
空重	2840 千克	动力装置	2×PT6A–27 涡桨发动机
最大起飞重量	5300 千克	螺旋桨	HC–B3TN–3B/T1073B–3 型
最大商载	1700 千克	起飞滑跑距离	425 米
最大平飞速度	328 千米 / 时	着陆滑跑距离	480～620 米

运–12E 是在运–12Ⅳ型飞机的基础上，为适应高温、高原环境设计制造的，采用了新型的 PT6A–135A 发动机，载客 19 人，适合于高原

地区的空中游览和公务飞行。2000 年 12 月 7 日完成了成都至九寨沟航线的首飞，2001 年 12 月 31 日取得中国民航局的型号合格证。

运 –12F 是新一代通用/支线涡桨飞机，首次采用损伤容限结构设计，复合材料占到全机 7% ~ 10% 的面积。采用 PT6A–65B 发动机，螺旋桨由美国的 Hartzell 公司提供，有效载荷达到 3000 千克，远程巡航速度提高了 44%，达到 375 千米 / 小时，航程增大了 137%，可以载 19 名乘客飞行 1540 千米。2009 年 6 月 16 日首架原型机开始建造。2010 年 12 月 29 日首飞，2015 年 12 月 10 日获得中国民航局（CAAC）型号合格证，2016 年 2 月 22 日获得美国联邦航空局（FAA）型号合格证。可广泛应用于客货运输、海洋监测、空投伞降、航空摄影、地质勘探、医疗救护、人工降雨等领域。

运 –12F 是继运 –12 Ⅳ、运 –12E 飞机取得 FAA 型号合格证后，第三个获得 FAA 型号合格证的运 –12 系列飞机，标志着该型号飞机设计能力达到了最新的国际适航标准，并获得了美国民用市场准入证。

运 –12 飞机为中国民用航空工业获得多个第一。第一种卖到国外的中国造客机，第一种获得英国 CAA 适航证的中国飞机，第一种获得美国 FAA 适航证的中国自有知识产权飞机。1986 年 11 月 14 日，6 架运 –12

◁◁ 运 –12F 飞机 ▷▷

飞机成功外销斯里兰卡，开创中国民用飞机出口的先河。2014 年 11 月 11 日，在第十届中国国际航空航天博览会上，中航工业哈飞与美国维信航空公司在珠海签署 20 架运 12 系列飞机销售合同，这是中国首次向美国大规模出口民用飞机。2015 年 3 月 4 日，莫斯科弗莱航空公司与中航工业哈飞签署了 4 架运 –12E 型飞机销售协议，标志着运 –12 系列飞机在销往发达国家市场之路上，又迈出了实质性的一步。运 –12 飞机使用简单、机动灵活，可在简易跑道上起飞和着陆，先后取得了中国 CAAC、英国 CAA、美国 FAA 及澳大利亚、新西兰、印度尼西亚等国家的适航认证，是中国获得英、美等发达国家适航认证的机型。

ARJ21 支线客机 >>>

ARJ21 支线客机（翔凤）是由中国商用飞机有限责任公司按照国际标准研制的中短程涡扇支线飞机。2002 年 4 月立项，2007 年 12 月 21 日总装下线，2008 年 11 月 28 日成功首飞。2015 年 11 月 29 日，首架 ARJ21 支线客机飞抵成都，交付成都航空有限公司，正式投入市场运营。2018 年 5 月 2 日，ARJ21 顺利降落在哈尔滨太平国际机场，标志着国产喷气式客机正式在中国最北部地区开始载客运营。

ARJ21 支线客机性能参数

名称	参数	名称	参数
机长	33.46 米	最大巡航速度	850 千米 / 小时
翼展	27.28 米	正常巡航速度	829 千米 / 小时
机高	8.44 米	实用升限	11 900 米
空重	24 955 千克	最大航程	3700 千米
最大起飞重量	40 500 千克	动力装置	2×CF34–10A 涡扇发动机
最大落地重量	37 665 千克	起飞滑跑距离	1900 米
客座数	78 ~ 90	着陆滑跑距离	1650 米

2014 年 12 月 30 日，中国民用航空局（CAAC）向中国商飞公司

◁‖ ARJ21-700 客机 ‖▷

颁发 ARJ21-700 飞机型号合格证，这标志着我国首款按照国际标准自主研制的喷气支线客机通过适航审定，符合《运输类飞机适航标准》要求，具备可接受安全水平，可以参与民用航空运输活动。中国拥有了第一款可以进入航线运营的喷气客机，并具备了喷气式民用运输类飞机的研制和适航审定能力。ARJ21-700 飞机取得型号合格证，是我国航空工业的又一重大里程碑。通过 ARJ21-700 飞机研制，我们走完了喷气支线客机设计、制造、试验、试飞全过程，攻克了鸟撞试验、全机高能电磁场辐射试验、闪电防护间接效应试验等一大批重大试验课题，掌握了失速、最小离地速度、颤振、自然结冰、起落架摆振等一大批关键试飞技术，掌握了一大批新技术、新材料、新工艺，积累了重大创新工程的项目管理经验。初步探索了一条"自主研制、国际合作、国际标准"的民机技术路线，初步建立了"以中国商飞为核心，联合中航工业，辐射全国，面向全球"的民机产业体系，初步构建了"以中国商飞为主体，市场为导向，产学研相结合"的民机技术创新体系，锻炼培养了一大批信念坚定、甘于奉献、勇于攻关、敢打硬仗，拥有国际视野的人才队伍，培育了"长期奋斗、长期攻关、长期吃苦、长期奉献"的大飞机创业精神。中国民航局围绕 ARJ21-700 飞机适航审查，成立了专业的审定机构，建立了专门的局方试飞员队伍和审查队伍，形成了符合国际标准的适航审查程序、机制和体系，掌握了飞机国际标准，具备了喷气式民用运输类飞机适航审查能力，成为保障我国航空工业持续发展的重要国家能力。

2016 年 6 月 28 日，由 ARJ21-700 执飞的 EU6679 航班从四川成都双流机场起飞，平安抵达上海虹桥机场，标志着我国自主研制的首架喷气式支线客机 ARJ21 正式投入商业运营。2017 年 6 月 28 日，成都航空公司迎来 ARJ21 新支线客机示范运营一周年。在过去的一年间，两架 ARJ21 飞机已安全运载旅客近 1.5 万人次，客座率近 90%。这是中国民机发展史上的一个里程碑，标志着中国民机 ARJ21 示范运营取得初步成功，意味着中国喷气客机迈入市场化运营新阶段。2017 年 10 月 19 日，中国商用飞机有限责任公司向客户交付第三架 ARJ21 新支线喷气客机，这意味着中国支线喷气客机正向批量化生产稳步迈进。

中国大飞机三剑客之运 -20 >>>

运 -20（鲲鹏）是由中国航空工业集团公司第一飞机设计研究院设计、西安飞机工业集团研制的新一代军用大型运输机，对改善中国军队装备现状、实现国防现代化、保卫国家安全和完成祖国统一大业有着不可替代的作用。

2004 年全国人大会议期间，中国工程院院士、著名航空动力专家、中航工业科技委副主任刘大响提交了《关于尽快开展大型飞机研制的建议》的提案。2006 年初，"发展大飞机"作为国家决策被写进《国家中长期科学和技术发展规划纲要 2006—2020 年》和《国民经济和社会发展第十一个五年规划纲要》。2007 年 2 月，国务院常务会议原则批准大型飞机研制重大科技专项正式立项。2007 年 3 月，宣布启动大飞机工程，布点于西安和上海两座城市。其中"大客"50% 以上的设计制造、"大运"全部的设计研发、制造，都在陕西完成。2007 年 6 月 20 日，大型运输机项目正式立项。2013 年 1 月 26 号下午 14 时许，首架运－20飞机在跑道上加速后顺利起飞，在试飞现场上空盘旋，14时50分左右在观礼台前低空通场。试飞全程由一架歼－15伴飞并拍摄试飞情况。随后运－20于15时安全着陆，首飞取得成功。2013年3月2日在西部某试验基地进行了2次地面滑行试验，4月20日进行了第二次试飞。2013年12月，第二架原型机首飞成功，关键技术更趋成熟。2014年11月，783号机飞抵珠海航展现场，掀开国产大运首秀大型国际航展的序幕。2016年6月15日，运－20首批交付部队服役仪式在中航工业某试飞中心圆满结束。2016年7月6日，空军举行授装接装仪式，运－20飞机正式列装空军航空兵部队，标志着空军战略投送能力迈出了关键性的一步。

大型军用运输机是衡量一国是否具备战略空运能力的重要标志，运－20的列装标志着中国空军开始具备强大的战略投送能力。首先，运－20可使空军实现常态化远程战略输送，使中国空军真正成为一支能够全球到达的战略空军，确保空军能够实现"哪里有国家利益，就能飞到哪里"。其次，空运最大的优点是速度快、不受地形及水文条件的影响，可以跨越许多被其他运输手段视为天险的障碍。运－20是集油料运输、物资补给、兵员输送于一身的主力机型，可以与运7、运8等中型运输机合理搭配，形成完善的军用运输机体系，快速将人员、物资直接运送到急需

◄‖ 运－20大型运输机 ‖►

地区，将装甲车、坦克、武装直升机等重型装备运送到一线战场，为后续部队的增援和展开争取时间，或者将部队突然投送到对方要害和防御薄弱地区，给敌以突然、致命的打击。第三，运–20 可在复杂气象条件下执行各种运输任务，在抢险救灾、部队集结和力量投送方面发挥重要作用，满足部队整建制、全要素同时部署的要求，实现空军由区域防卫向全域机动的战略转型。第四，运–20 还可作为预警机、空中加油机和大型电子侦察机等"特种机"的平台，实现大型预警机平台国产化，提高空军持续作战和机动能力，确保各种飞机能够共同完成远距离部署和大编队远程作战，拓展中国海空力量的巡航范围。

运–20 性能参数

名称	参数	名称	参数
机长	47 米	最大速度	750 ～ 800 千米 / 小时
翼展	45 米	实用升限	13 000 米
机高	15 米	最大航程	7800 千米
空重	60 000 千克	满载航程	4400 千米
最大起飞重量	220 000 千克	动力装置	4×D–30KP–2 涡扇发动机
有效载荷	66 000 千克	起降滑跑距离	800 米

运–20 突破了数百项关键技术，采用了超临界机翼、轻质复合材料，在空气动力学、大型结构的设计和制造、机载设备、高可靠性操纵系统等方面都有重大突破，航空电子系统的技术已达到世界先进水平，标志着中国跻身世界大飞机行列。运–20 的性能优于俄罗斯的伊尔–76，与伊尔–476 性能相当，在承载能力上略低于美国的 C–17，而大幅领先于日本的 C–2 和欧洲的 A–400M 运输机。运–20 飞机是空军战略性、标志性装备，标志着中国大飞机设计制造能力取得突破性进展，对推进中国经济和国防现代化建设，应对抢险救灾、人道主义救援等紧急情况，提高空军战略投送能力和中国军队履行使命任务能力，具有重要意义。

运–20 总设计师唐长红，1959 年 1 月出生，陕西省蓝田县人，先

◀‖ 唐长红 ‖▶

后毕业于西北工业大学空气动力学专业和北京航空航天大学固体力学专业。一直从事飞机气动弹性、结构强度、总体设计工作，先后主持和参与了"飞豹"飞机、运七--200A飞机、MPC-75支线机、AE100飞机、运-20大型运输机等多个型号的研制工作。历任第一飞机设计研究院总设计师、副院长、国家重点型号飞机总设计师，中航工业首席技术专家，歼轰七A总设计师，运-20总设计师，上海交通大学航空航天学院院长。北京航空航天大学兼职教授，西北工业大学"气动弹性研究所"学术委员会委员，中国人民解放军总装备部科技委委员、总体技术专家组副组长，国务院、中央军委军工产品定型委员会委员，中国航空学会常务理事。2011年12月份被评为中国工程院院士。

唐长红先后荣获国家科技进步一等奖1项、二等奖1项，省部级科技进步特等奖1项、一等奖4项、二等奖5项，荣获陕西省有突出贡献专家、全国先进工作者、全国先进科技工作者等荣誉称号。

世纪之交，国际局势风云变幻，中国政府和平发展的愿望面临严重挑衅。按照中央军委的要求，新"飞豹"研制项目立项，唐长红被国防科工委任命为型号总设计师。经过艰苦卓绝的努力，唐长红和他的技术团队做出了国内第一架全机电子样机。国际航空界震惊了，中国人仅用一年时间就实现了国外需要三到五年才能实现的技术革命。其中综合航电火控系统已经达到世界先进战机的水平，将中国战机的性能和战斗力提升了整整一代。

2007 年 7 月，新"飞豹"飞出国门，在"和平使命 –2007"联合军演中，创下了在异国与外方战机协同训演、与外军联合飞行指挥、实施远程跨国机动等多项第一。参加联合军演的各国官兵对"飞豹"战机"投弹精度高、准时到达好、编队好"的出色表现给予高度评价。

2013 年，运 –20 试飞成功，这是目前国内研制的最大的飞机，具备战略空运能力，标志着中国跻身世界大飞机生产国行列。作为运 –20 总设计师，在实现航空强国梦的道路上，唐长红功不可没。

大飞机三剑客之 C919 >>>

C919 大型客机是由中国商用飞机有限责任公司按照最新国际适航标准研制的干线民用飞机。其中 C 是 China 的首字母，也是中国商飞英文缩写 COMAC 的首字母，第一个"9"代表天长地久，"19"代表客机最大载客量为 190 座。

2006 年 2 月 9 日，国务院发布《国家中长期科学和技术发展规划纲要（2006—2020 年）》。大型飞机重大专项被确定为 16 个重大科技专项之一。2008 年 5 月 11 日，中国商用飞机有限责任公司在黄浦江畔成立。2009 年 1 月 6 日，正式发布首个单通道常规布局大型客机，机型代号"COMAC919"，简称"C919"。2015 年 11 月 2 日，C919 大型

◄|| C919 大型客机 ||►

客机首架机在浦东基地正式总装下线，标志着 C919 首架机的机体大部段对接和机载系统安装工作正式完成。2016 年 12 月 25 日，C919 飞机首架机交付试飞中心。2017 年 5 月 5 日，C919 在上海浦东机场成功首飞，最大飞行高度 3000 米，飞行速度 170 节。2017 年 9 月 28 日，C919 飞机 101 架机在浦东机场第四跑道起飞，飞行时间 2 小时 46 分钟。2017 年 11 月 3 日，C919 飞机 101 架机进行第三次试飞，试飞时间持续约三个半小时。2017 年 11 月 10 日，C919 飞机 101 架机从上海浦东机场第 4 跑道起飞，经过 2 小时 24 分的飞行，成功抵达西安阎良机场，顺利完成首次城际飞行，C919 飞机 101 架机的检查试飞工作告一段落，转入西安阎良开展下一步的研发试飞和适航取证工作。2017 年 12 月 17 日，C919 飞机 102 架机在上海浦东国际机场完成首次飞行，试验试飞全面展开。2018 年 7 月 12 日，C919 客机 102 架机从上海浦东机场起飞，历经 1 小时 46 分的飞行，平稳降落在山东东营胜利机场，顺利完成首次空中远距离转场飞行。2018 年 12 月 28 日 11 时 07 分，试飞员徐远征、张健伟驾驶着 C919 飞机 103 架机，搭载着观察员蔡俊，试飞工程师赖

◀‖ C919 座舱 ‖▶

培军、王涛在浦东国际机场试飞。12 时 45 分安全降落,圆满完成第一次飞行,标志着三架 C919 飞机进入试飞状态。

C919 大型客机采用先进气动布局和新一代超临界机翼等先进设计技术,达到比现役同类飞机更好的巡航气动效率;采用先进的发动机以降低油耗、噪声和排放;采用先进的结构设计技术和较大比例的先进金属材料和复合材料,复合材料使用率达到 20%,减轻了飞机的结构重量;采用先进的电传操纵和主动控制技术,提高飞机综合性能;采用先进的综合航电技术,减轻飞行员负担,提高导航性能、改善人机界面;采用先进客舱综合设计技术,提高客舱舒适性;采用先进的维修理论、技术和方法,降低维修成本。

C919 性能参数

名称	参数	名称	参数
机长	38 米	最大速度	0.82 ~ 0.84 马赫
翼展	35.8 米	巡航速度	0.7 ~ 0.84 马赫
机高	12 米	实用升限	12 100 米
基本客座数	156/168	最大航程	5555 千米
最大起飞重量	72 500 千克	动力装置	2×CFM LEAP-1C 涡扇发动机
最大着陆重量	66 600 千克	起飞滑跑距离	2200 米
有效载荷	20 500 千克	着陆滑跑距离	1600 米

2010 年 11 月 15 日,C919 大型客机 1:1 展示样机在珠海航展上首次展出,获得 100 架启动订单。截至 2018 年 2 月底,C919 大型客机国内外用户共有中国国际航空、中国东方航空、中国南方航空、海南航空、四川航空、河北航空有限公司、幸福航空、PuRen Airlines、City Airways、工银金融租赁、平安国际融资租赁、国银金融租赁等 28 家,订单总数达到 815 架。

C919 总设计师吴光辉,1960 年 2 月生,湖北武汉人,毕业于南京

◀◀ 吴光辉 ▶▶

航空学院飞机设计专业和北京航空航天大学飞行器设计专业。历任603所设计员、副主任、主任、副总设计师、所长助理、副所长，第一飞机设计研究院副院长、院长，998型号总设计师，ARJ21型号总设计师，"998工程"现场指挥部总指挥，大型运输机研制现场总指挥，中国商用飞机有限责任公司副总经理，C919大型客机总设计师。2017年11月27日，当选为中国工程院院士。

吴光辉曾荣获国家科技进步特等奖、国防科技成果一等奖，中航一集团科技成果一等奖、航空报国杰出贡献奖，全军科技成果一等奖，中航一集团一等功、国防科工委个人一等功。获得国防科工委"国防科技工业有突出贡献中青年专家"、陕西省"有突出贡献中青年专家"等光荣称号。

吴光辉是恢复高考后的首批大学生。"我个人比较爱好电子，后来一看专业很多，有飞机设计、电子电气、雷达、发动机等，当时就想学飞机设计，将来可能做总设计师，于是就报了飞机设计专业。"这个简单而朴素的想法使吴光辉与航空结下了不解之缘，飞机设计事业也成了他一生的追求和挚爱。在他的带领下，我国预警机研制开启了新的征程，他主持的科研项目获得国家科技进步奖特等奖。2005年，吴光辉投身到ARJ21民用客机的设计中，完成我国首次完全自主设计、制造的新型涡扇支线飞机的研发，并为我国大飞机项目的启动及民机市场开发打下坚实基础。2017年5月5日，C919国产大飞机首飞成功。这架具有自主知识产权的国产大飞机背后，是几代航空人用心血和汗水浇灌的梦想和探索。吴光辉参与并见证了整个过程。"国家需要我们，我只是做了自己应该做的事情。"吴光辉用默默的奋斗和忙碌的身影无声地告诉人们：结缘航空是一种乐趣，投身航空是一种责任，振兴航空是一种使命！

大飞机三剑客之 AG600 >>>

AG600（鲲龙）是由中航工业特飞所设计、通飞公司研制生产的水陆两栖飞机。采用单船身、悬臂上单翼布局，前三点可收放式起落架，四台WJ-6发动机，机上配备探测照相、投汲水、应急救护等专业设

◀‖ AG600两栖运输机 ‖▶

备，可以在陆上跑道长度不小于1800米、宽度不小于35米的机场和长1500米、宽200米、深2.5米的水域起降，主要用于执行应急救援、森林灭火、海洋巡察等特种任务。

AG600按"一机多型、水陆两栖、系列发展"的设计思想进行设计，可根据用户需要加装任务载荷，执行环境监测、资源探测、客货运输、森林灭火和海难救护等任务。其任务载荷种类多，飞行速度慢，飞行高

度低，一次汲水时间不大于 20 秒，为快速扑灭高层建筑和森林火灾提供了必要条件。可在水面停泊实施救援行动，可抗 2 米海浪，适应 3 ~ 4 级海况，适应 75% ~ 80% 的南海自然海况，一次最多可救护 50 名遇险人员，堪称最专业的"救火机"。

AG600 飞机是国家航空工业重大工程研制项目，2009 年 6 月正式立项；2012 年攻克关键技术，完成初步设计；2013 年完成详细设计；2014 年全面转入试制；2015 年机体大部件陆续交付和部件总装；2016 年 4 月完成中央翼与外翼对接，6 月份完成机体结构装配、机载设备安装、电缆敷设和导管安装，7 月 23 日在珠海基地完成总装下线；2017 年 2 月 14 日，全部 4 台发动机首次试车成功，相关系统综合验证状态良好，6 月 6 日完成了最后一次低速滑行试验，各项性能指标符合要求，12 月 24 日在珠海亮相首飞；2018 年 8 月 26 日，AG600 水陆两栖飞机 001 架机跨越广东、湖南、湖北空域，顺利从珠海金湾机场转至荆门漳河机场，9 月完成了水上低速、中速、高速滑行实验；2018 年 10 月 20 日 9 时 05 分，AG600 在湖北荆门漳河机场成功实现水上首飞起降，中共中央总书记、国家主席、中央军委主席习近平致电表示热烈祝贺。

AG600 性能参数

名称	参数	名称	参数
机长	37 米	最大平飞速度	500 千米 / 小时
翼展	38.8 米	稳定飞行高度	最低 50 米
机高	12.1 米	起降抗浪高度	2 米
最大起飞重量	53 500 千克	最大航程	4500 千米
汲水速度	600 升 / 秒	动力装置	4×WJ6 涡桨发动机
投水高度	30 ~ 50 米	陆上跑道	1800 米 ×35 米
投水命中率	大于 98%	水域起降	1500 米 ×200 米 ×2.5 米

现代水陆两用飞机在很多应用领域里已被直升机所取代，但是它在森林或城市灭火方面仍有独特的作用。高层建筑和森林一旦出现火情，

由于地面消防力量不足，直升机因载荷相对较小也是"杯水车薪"。AG600 的速度超过任何船只，比航速最高的船快 10 多倍。从海南三亚出发，飞过西沙、南沙，绕过我国最南端的曾母暗沙，返回基地只需 7 ~ 8 小时，而现代快速船艇往往需要 3 ~ 4 天。AG600 后发优势明显，全机 98% 的结构及系统零件由国内供应商提供，机载成品 90% 为国产产品，发动机采用国产 WJ–6 涡桨发动机，经过不断完善、改进和提升，最终将成长为新一代的两栖飞机之王。

AG600 型号研制之初，在两栖飞机的一些技术空白领域，曾经寻求国际合作，几年下来，国外主要水陆两栖飞机研制公司以种种理由拒绝合作。但随着型号的进展，随着中国自身关键技术取得突破，国外公司反而主动找上门来，请求共同研制或合作生产。AG600 在军事上用途广泛，承载着国家和民族的使命，AG600 是继大型运输机运 –20、大型客机 C919 之后，在大飞机领域研制工作取得的又一重大成果，填补了我国大型水陆两栖飞机的研制空白，为我国大飞机家族再添一名强有力的"重量级选手"，对增强我国综合国力、树立民族自信心和自豪感具有重要意义。

AG600 总体技术水平和性能达到当前国际同类飞机的先进水平，具有完全自主知识产权，具备执行森林灭火、水上救援等多项特种任务的能力，是国家应急救援体系建设急需的重大航空装备，对提升国产民机产品供给能力和水平，有效促进我国应急救援航空装备体系建设的跨越式发展，尤其为"海上丝绸之路"航行安全提供最快速有效的支援与安全保障，对我国实现"一带一路"倡议、建设创新型国家和国民经济发展与转型升级，都具有重大意义。

在研制 AG600 的过程中，攻克了气水动融合布局设计与试验技术，高抗浪船体设计与试验技术，复杂机构高支柱起落架设计制造技术，海洋环境下腐蚀防护与控制设计技术，气水密铆接制造技术，机翼薄壁高筋整体壁板喷丸成型技术，多曲变截面船体结构装配制造技术等多项技术难关，形成具有自主知识产权的水陆两栖飞机设计研发技术体系，全面提升我国水面飞行器的设计和制造能力，为新型水面飞行器的发展奠定了坚实基础。AG600采用的新技术、新材料、新工艺，对我国经济和科技发展、基础学科进步及航空强国建设具有重要的带动辐射作用，带动了国内一批民用航空装备制造企业发展，在我国民机产业发展中具有里程碑的意义。

AG600总设计师黄领才，1966年出生，黑龙江宝清人，1988年毕业于南京航空学院飞机系直升机设计专业。历任哈飞设计所设计员、二室主任、所长助理、副所长、所长，哈飞集团副总工程师，605所副所长，中航通飞研究院副院长、总经理助理、副总工程师。先进复合材料国防科技重点实验室第三届学术委员会委员，工信部"民机科研十三五发展规划"总体组和机载组专家成员，科技部"国家大型民机科技创新能力建设"专家顾问组成员，科技部"国家科技十三五发展规划"交通领域专家组成员，中国航海学会救捞专业委员会委员。先后荣获国防科

◀‖ 黄领才 ‖▶

学技术三等奖两项，航空科学技术奖三等奖三项、二等奖三项、一等奖一项，型号研制二等功一次。荣获"总装备部预研先进个人""中航工业科技组织管理奖"等荣誉。2009年开始担任AG600常务副总设计师、总设计师，带领设计团队攻克多项关键技术难关，为大型水陆两栖飞机的研制做出了重大贡献。

结束语 >>>

新中国成立后，中国军用飞机的发展经历了引进、仿制、自主研发三个阶段，几经浮沉。1954年7月3日，初教-5成功首飞，结束了新中国不能自行制造飞机的历史，掀开了中国航空工业发展史上崭新的一页。1956年7月19日清晨，新中国制造的第一架喷气式歼-5战斗机在东北某机场腾空而起，这架机身前部印有鲜红的"中0101"字样的银白色歼击机的试飞成功，标志着中国成为当时世界上少数几个能够掌握喷气飞机制造技术的国家之一。从1954年到1958年，除了歼击机、教练机以外，轰炸机、运输机、直升机等也先后仿制成功并装备部队，从而结束了依赖外国发展空军飞机的历史。抗美援朝之战，年轻的人民空军与装备精良的美军进行了殊死较量，先后击落敌机330多架，创下了世界空战史上以弱胜强的范例，中国成为世界空军强国。

随着"文革"和改革开放初期工作重心的调整，航空武器装备发展进入低谷。1984年，"十号工程"正式启动，历经十多年的努力，1998年3月23日，歼-10飞机成功首飞，实现了我国航空武器装备历史性跨越，标志着我国航空武器自主研发能力已经跻身世界先进行列。2011年1月11日，歼-20战斗机成功首飞，2018年2月9日装备空军作战部队。2012年10月31日，歼-31战斗机成功首飞，中国成为第二个同时试飞两种第五代战斗机原型机的国家，也是继美国之后第二个走完第五代战斗机论证、设计、研发、测试、定型生产和最终服役全部阶段的国家。随着武器装备的更新换代，中国空军活动范围由陆地向远海远洋延伸，应对各种威胁更加自信。前出第一岛链、飞越多个海峡、展翅西太平洋，战机航迹不断远伸，体系作战能力越来越强，成为守卫领空、管控危机、遏制战争、打赢战争的重要力量。

与军用飞机一样，中国民用飞机研制也走过了一段艰难、坎坷、曲折的历程，曾经承载着大飞机梦想的"运–10"飞机如今仍静静地矗立在中国商飞的新厂区内，飞机前面立了一尊雕塑，上书"永不放弃"四个字，表达了中国航空人对国产大飞机的一往情深，表达了对研发"运–10"飞机的前辈的崇高敬意。2013年以来，中国大飞机三剑客之大型运输机运–20、大型客机C919、大型水陆两栖飞机AG600相继亮相。2014年5月23日，习近平总书记来到中国商用飞机有限责任公司研发中心考察。他登上我国自主研制的C919大型客机展示样机，坐在驾驶舱主驾驶的座位上，详细了解飞机研制的相关情况。面对闻讯赶来的航空科研人员，总书记勉励大家说："我们要做一个强国，就一定要把装备制造业搞上去，把大飞机搞上去，起带动作用、标志性作用。中国是最大的飞机市场，过去有人说造不如买、买不如租，这个逻辑要倒过来，要花更多资金来研发、制造自己的大飞机。我们一定要有自己的大飞机。"

（书中部分图片引自相关媒体，特向原作者真诚致谢，欢迎您与我们联系，我们将按有关规定支付稿酬）